睡不著

數學實用定理

教育評論家
小宮山博仁
監修

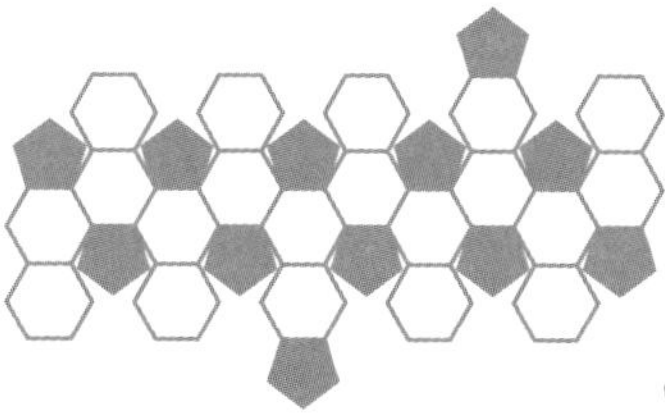

$a^2+b^2=c^2$

$$\frac{a}{\sin A}=\frac{b}{\sin B}=\frac{c}{\sin C}=2R$$

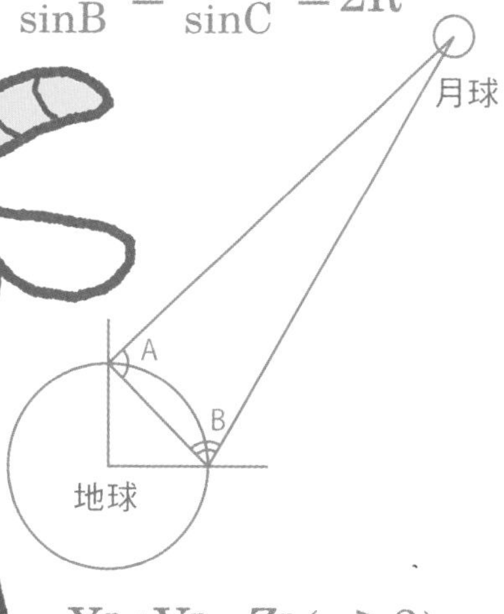

$AP \cdot DP = BP \cdot CP$

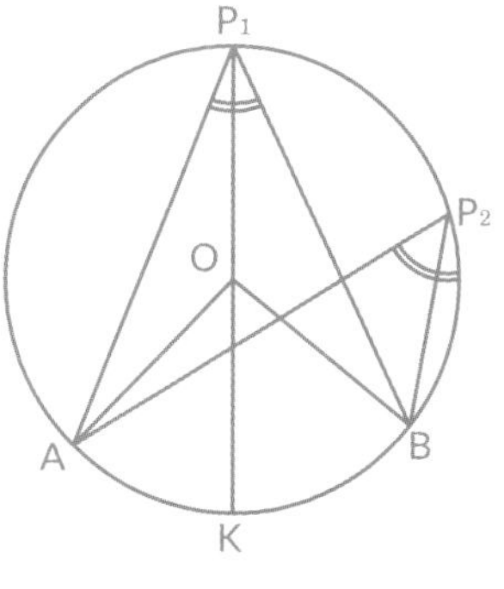

$X^n+Y^n=Z^n\ (n \geqq 3)$

晨星出版

前言

數學正流行！不只在日本，歐美與世界各國都已意識到學習數學的重要性。

在ＯＥＣＤ的教育研究與創新中心裡，進行著包括數學在內各類學科的研究。ＯＥＣＤ的全名是經濟合作暨發展組織，自２０００年推出國際性的學習力調查ＰＩＳＡ後，在日本便一躍成為高知名度的國際組織。ＰＩＳＡ是Programme for International Student Assessment的縮寫，譯為「國際學生能力評量計畫」。以ＯＥＣＤ會員國的15歲學生為調查目標，內容涵蓋數學、閱讀和科學三大領域。特色是包含跨學科的情境式題目，有光靠死背也無法應付的題目。題目除了涉及社會和日常生活，甚至也有必須以敘述文形式回答的數學題。由於大量著重學生的答題過程及思路，ＰＩＳＡ的數學評量成為受矚目的焦點，甚至可說是因此改變了日本中小學生的數學教科書也不為過。教科書一旦改變，國高中的入學考試問題自然也會跟著調整。對於現在三、四十歲的家長來說，數學的學習方法與內容，已經和他們求學時代大不相同了。

更別忘了，從２０２０年起，高中小學將依序更換新版教科書，對算術、數學的思考方式也不同於以往。新版教材將更注重同學間的共同討論與嘗試，不單單是機械式計算後獲得答案，而是要求學生能理解中間的過程，以及為什麼會得出這樣的答案。學界已知，這種學習方式可以培養理論性思考，提高解決問題的能力。

意識到ＩＣＴ（Information & Communication Technology）時代的來臨，未來的孩子從小學就會開始學習程式設計。課程目的並不是成為工程師，而是要讓孩子挖掘問題的解決方法。能夠解決眼前的問題，應是生活在世上很重要的一項能力吧！

從國中開始，數學課就會出現各種定理。知道畢達哥拉斯定理嗎？除此之外，還記得自己證明過這個定理嗎？確認（檢驗）自己了解後進而證明，各位應該都經歷過這個過程才是。本書的主題正是「數學的定理」。十幾年前，曾有很多人認為數學是「大腦的鍛鍊」對吧？和程式設計相同，數學也是為了培養理論性思考的學科。如今多虧了ＯＥＣＤ和ＰＩＳＡ的提倡，世界各國開始關注數學的學習，其中又以使用定理進行證明的方式尤受矚目。

現在的時代，生活在混沌的社會裡，「數學定理」派上用場的機會愈來愈多了。除了一小部分的愛好者外，「數學定理」一定也能替許多人增加「生存的能力」。若能好好感受近在你我身邊的數學，並將這樣的思考方式融入生活中，想必能為各位拓展出一片新的世界。

２０１８年５月吉日　小宮山博仁

有趣到睡不著 圖解版 數學實用定理 目次

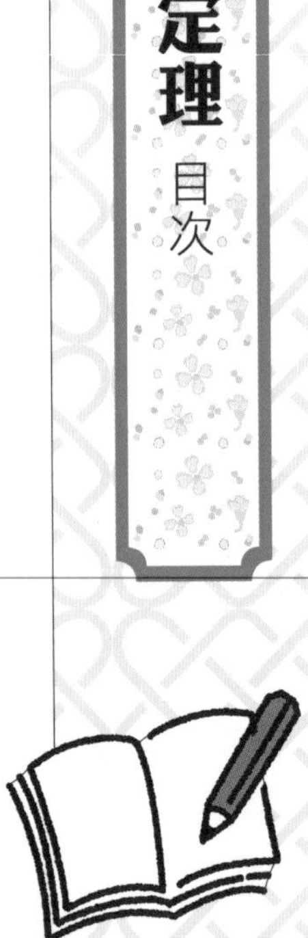

Contents

序章

認識基礎的定理和猜想

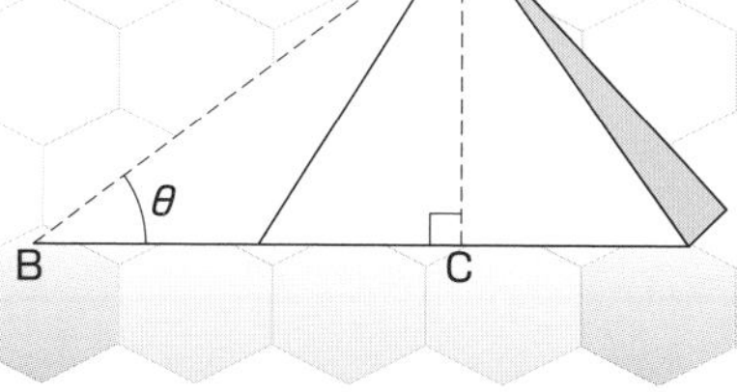

數學的定理究竟有何意義？

從公理或定義推導出來，並證明為真的陳述，就是「定理」。而定理的特徵，在於可做為證明數學表達式的依據，或做為思考數學問題的基礎根底。因此，容易使用、容易應用，便是定理很重要的條件。

另一方面，「證明定理」這件事本身，有時就是數學家追求的最終結果。

換言之，以數學性的思考來說，定理就是終極目標。因此，定理往往必須是優美的。

當我們在認識定理時，也會看到「〇〇猜想」這樣的詞彙。這指的是數學領域中存在的幾個「〇〇猜想」。〇〇是人名，表示這是由〇〇提出的猜想，但尚未獲得證明。**一旦猜想被證明後，才能稱為定理。**

比較知名的猜想，有「哥德巴赫猜想」及「費馬猜想」。代表這是分別由哥德巴赫及費馬所提出的猜想，但尚未被證明（費馬猜想已在１９９５年獲得證明）。

命題本身絕對稱不上困難，但要證明卻極具挑戰，因此全世界的數學家們才會耗費數十年的時間，苦苦思索證明的方法。近來，哥德巴赫猜想終於在電腦的計算下，確認猜想幾乎是正確的，但仍然尚未被證明。

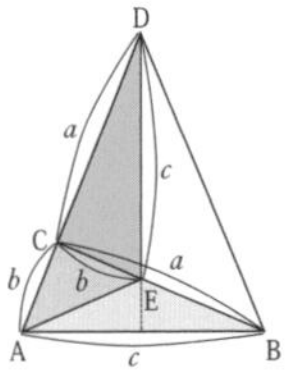

以數學性的思考來說，定理就是終極目標。

定理

由公理或定義推導出來 → 證明為真的陳述

特徵

定理是數學基礎思考的根底，因此容易被使用及應用，以數學性的思考來說也是終極目標。

猜想

哥德巴赫猜想

「4以上的所有偶數，都可表示為2個質數的和。」

例如：

4=2+2

6=3+3

8=3+5

10=3+7

質數

在自然數中，除了1和該數本身以外，無法被其他數（因數）整除的數（但1不被視為質數）。

2、3、5、7、11、13、17、19、23、29、31、37、41、43……

質數有無限多個，這點已由歐幾里得（古希臘數學家）證明。

費馬最後定理

$X^n + Y^n = Z^n$（$n \geqq 3$）

「當n為3以上的自然數時，

不存在可以滿足此方程式的自然數X、Y、Z。」

畢達哥拉斯定理和費馬最後定理是什麼？

說到定理，不免就要提到人人皆知的「畢達哥拉斯定理（又稱畢氏定理）」。各位應該都在國中的數學課學過。

在∠C為直角的直角三角形ABC中，設夾住直角的2邊長度為a、b，斜邊長度為c，則各邊長的關係可表達為$a^n+b^n=c^n$（n＝2）。

接著，就來看看這個定理進一步發展的樣貌。

也就是**$X^n+Y^n=Z^n$（n≧3）：「當n為3以上的自然數時，不存在可以滿足此方程式的自然數X、Y、Z」，這個表達式稱為「費馬最後定理」**。單純看式子，長得和畢達哥拉斯定理幾乎一樣。

在數學的領域中，有時要理解一個問題的意思，必須先擁有高度進階的知識。而費馬猜想的特色，就是即便不具備艱深的知識，也能理解這個問題，可說是相當平易近人。

費馬當時雖然證明了n＝4時的狀況，卻未發表適用於所有自然數n的證明。他只在一本數學書籍的頁緣處，寫下「關於這項定理，我已發現了一個美妙的證明，但這空白處太小了寫不下。」雖然費馬最後定理和畢達哥拉斯定理長得很像，但內涵其實大不相同。

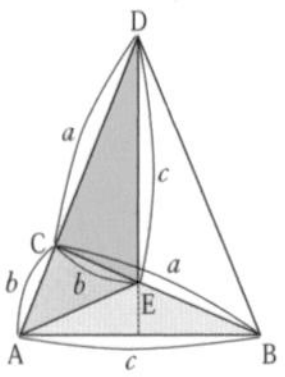

費馬最後定理在1995年獲得證明。

畢達哥拉斯定理

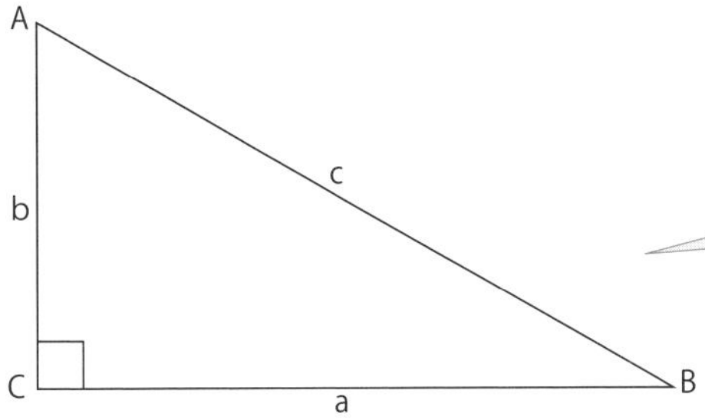

在∠C為直角的直角三角形ＡＢＣ中，設夾住直角的２邊長度為ａ、ｂ，斜邊長度為ｃ，則各邊長的關係可表達為：

$a^n + b^n = c^n$（n＝2）

費馬最後定理

由畢達哥拉斯定理發展而來，並將其一般化為

$X^n + Y^n = Z^n$（n ≧ 3）

即「當n為3以上的自然數時，不存在可以滿足此方程式的自然數X、Y、Z」。

費馬在一本數學書籍的頁緣處，寫下「關於這項定理，我已發現了一個美妙的證明，但這空白處太窄了寫不下」。

約360多年後（1995年），英國的懷爾斯（Wiles）解開了「費馬最後定理」。而懷爾斯初次在圖書館邂逅這道問題時，他才僅僅10歲。

初步認識定理之王—畢達哥拉斯定理

接著，就來看看具體的定理是怎麼回事吧。

如前一節所介紹的，畢達哥拉斯定理又名畢氏定理，是初階（歐幾里得）幾何學中最知名的定理，稱其為定理之王也不為過。

假設直角三角形ＡＢＣ中的∠Ｃ為直角，則下列描述將成立：

$$AC^2+CB^2=AB^2$$

反之，若三角形ＡＢＣ滿足上列描述，則∠Ｃ必為直角。

從古埃及時代開始，畢氏定理就被用來做為土地面積的測量方法。

做法就是在地上立起一根長桿，並綁上一條繩子，即能丈量土地面積。

據說，畢達哥拉斯是在端詳一間希臘修道院的地磚時，想到了這個定理的證明方法。

一般而言，被認為是優良的定理，都能用許多種方法證明。

畢達哥拉斯定理，有高達１００多種以上的證明方法。

這裡就從中舉出兩種較知名的方法為例，有興趣的人，不妨自己試著挑戰其他證明方法吧！

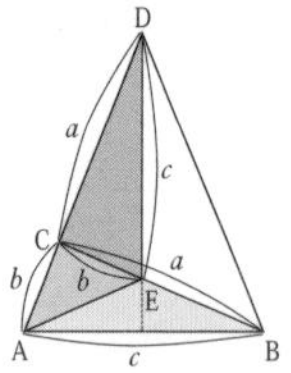

畢達哥拉斯定理在距今約2500年前被發現。

畢氏定理的證明

右下圖的正方形ABCD，其單邊邊長為b＋c，故正方形面積＝$(b+c)^2$。

而在這個正方形中，若以b為底邊、c為高，畫出4個直角三角形，就會形成一個邊長為a的正方形。故，

正方形ABCD的面積$=4\times\frac{bc}{2}+a^2$

即$(b+c)^2=4\times\frac{bc}{2}+a^2$

$$b^2+2bc+c^2=2bc+a^2$$

$$a^2=b^2+c^2$$

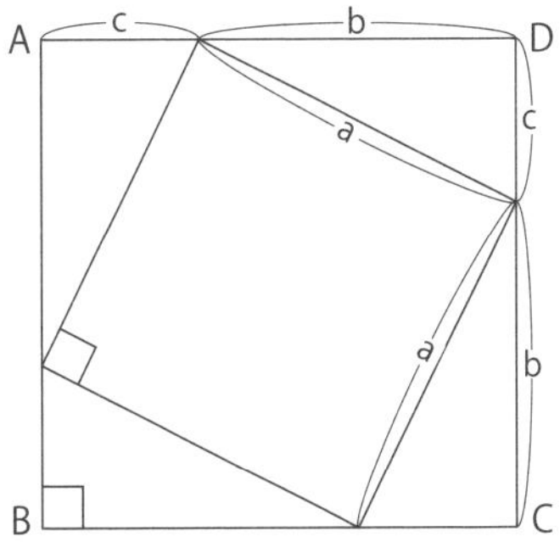

畢氏定理$a^2=b^2+c^2$，也能用下列方式說明。假設△ABC為一個以∠C為直角的直角三角形。

以斜邊a為邊長的正方形面積，會等於以b為邊長的正方形面積與以c為邊長的正方形面積的和。

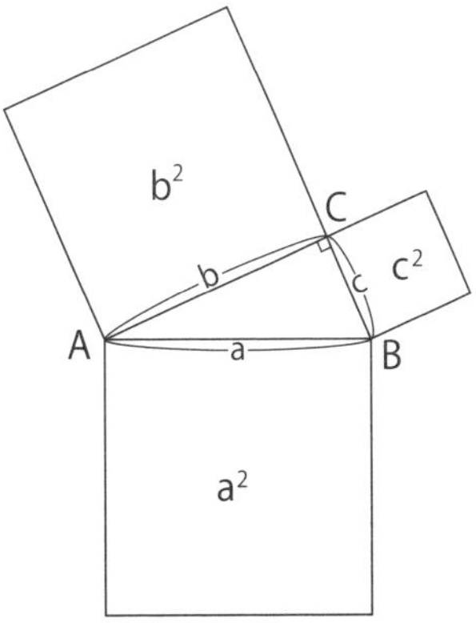

活用在日常生活的數學定理

大眾通常只覺得數學定理很難，卻不太清楚這些困難的定理，是如何被應用在我們的日常生活中。其實我們在生活中享受到的、許多看似理所當然的事物，很可能都是定理的功勞喔。

舉例來說，大家比較熟悉的「畢達哥拉斯定理」，就經常用在距離的計算上。進階一點，也能用來計算發射衛星到太空的速度。這時，就要計算衛星要以多快的速度移動，才能在平行於地球表面的軌道上穩定運行，既不會遠離也不會墜落。利用畢達哥拉斯定理，就能算出衛星1秒需要飛行幾公里。

測量土地時，可以使用正弦定理；若是2地點之間存在障礙物，則可以使用餘弦定理來測量。當我們想知道A、B這2個地點之間的距離時，中間可能有建築物或山川等障礙物，因此無法直接測量。此時就可以選擇一個無障礙物的地點C，畫出三角形，就能利用餘弦定理求出想測量的距離。

手機是現代生活中不可或缺的工具，而手**機的通訊系統中，為了不讓頻率相同的電波相互干擾，相鄰地區必須以不同的顏色劃分區隔，以避免設置電波頻率相同的基地台。**這樣的區塊配置，便是應用了4色定理。

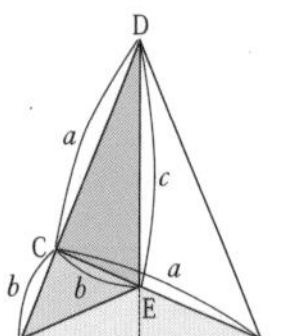

數學定理與日常生活有十分密切的關係。

與生活關係密切的數學定理

畢達哥拉斯定理 ＝可求出距離或速度等

正弦定理 ＝可用於土地測量

餘弦定理 ＝可用於測量包含障礙物的2點間的距離

數學定理是日常生活中不可或缺的元素，在人們沒注意到的地方，扮演著舉足輕重的角色。

正弦定理

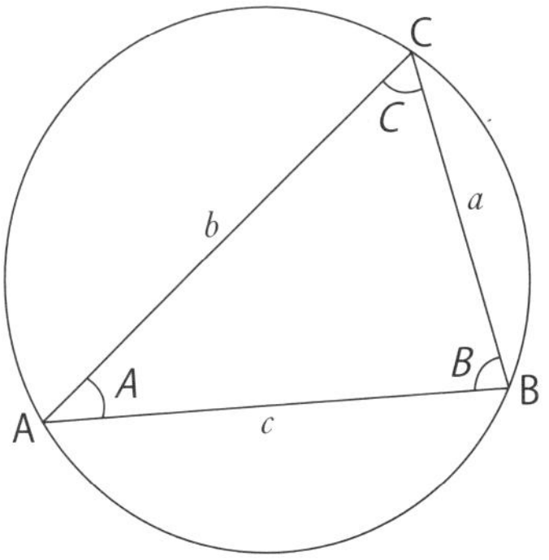

R為△ABC的外接圓半徑

$$\frac{a}{\mathrm{Sin}A}=\frac{b}{\mathrm{Sin}B}=\frac{c}{\mathrm{Sin}C}=2R$$

（詳見P.22）

餘弦定理

$$a^2=b^2+c^2-2bc\cos A$$
$$b^2=c^2+a^2-2ca\cos B$$
$$c^2=a^2+b^2-2ab\cos C$$

（詳見P.24）

手機電波的區域劃分及製圖、地圖繪製等，也會用到數學定理。
（詳見第2章）

持續翻倍的結果，最終成為驚人的數字

豐臣秀吉想獎勵有功的家臣曾呂利新左衛門，便向本人詢問：「給你選擇自己的獎賞，想要什麼就說吧？」

新左衛門沉思一番，回答：「這個大房間裡鋪了100張榻榻米，請您在第一張榻榻米上給我1粒米，下一張給我2粒米，再下一張給我4粒米，如此成倍增加，直到這個房間內的所有榻榻米上都有米粒為止。」

「要把1俵[註]的米放在1張榻榻米上確實是滿難的，不過你只要這些就夠了嗎？」

秀吉笑著問。他的想法是：「100張榻榻米，從1粒米開始算，總數充其量也不過是米俵的10～30俵左右吧。」

然而，他命一位家臣試算後，發現第5張、第6張……到第8張左右時，雖然總計只有一把米（256粒）的量，但超過30張榻榻米後，數量便會急遽增加，換算成米俵就是將近2千俵了。對秀吉來說，這倒還不是多大的數目，但到了100張榻榻米時，又會變成多麼可怕的數字？實際計算，來到100張榻榻

米時，米的總量會多達525,000,000,000,000,000,000,000,000,000,000俵，不用說全日本，就算把從古至今全人類種植的米全部收集起來，也達不到這個數字。

無法給出這麼大量的米，秀吉只好跟新左衛門道歉了。從這則軼事中，可以了解翻倍的算法確實非常驚人。另外，在《塵劫記》（1627年由吉田光由著作的數學書）中，也有這樣的故事：「正月時，老鼠夫婦生了12隻幼鼠；2月時，這14隻老鼠又兩兩成對，繼續生下幼鼠。此時，老鼠家庭共有98隻。以這樣的節奏每個月繼續增加子嗣，到了12月時，總共有幾隻老鼠？」答案是276億8257萬4402隻（即 2×7^{12}）。

註：1俵大約是60公斤。

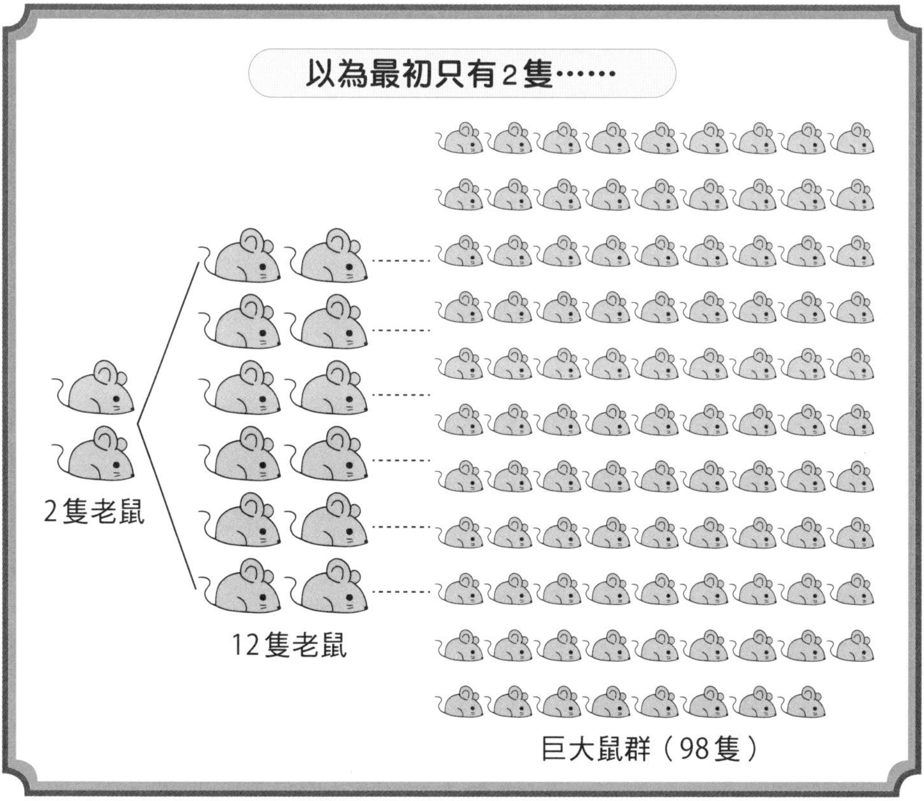

數學家
Column 1

歐幾里得

（希臘名 Ευκλειδης）

（公元前330年～公元前275年） ※年份為推測

我們在學校學到的幾何學，就是「歐幾里得幾何學」。身為一位數學家，歐幾里得堪稱是希臘數學的代名詞。

歐幾里得將數學系統化，整理成著作《幾何原本》。2000多年來，《幾何原本》是繼《聖經》後最暢銷的書籍，被傳承、閱讀至今。不過，對於歐幾里得這個人，我們卻所知甚少。

歐幾里得在柏拉圖開設的學院中建立了數學的基礎，並以其所學為本，撰寫了幾何學的教科書《幾何原本》。《幾何原本》中包括5個公理與5個公設，歐幾里得以此書為古希臘國王托勒密一世（BC367-BC283）教授幾何學時，國王向他詢問：「除了《幾何原本》之外，難道沒有其他學習幾何學的方法嗎？」

對此，歐幾里得這樣回答：「幾何學的路上，不存在王道。」即便是王者之尊，也必須服膺「學問之路無王道」的道理。

據說又有一次，一位青年向歐幾里得學習幾何學時，問道：「學這麼困難的東西，可以得到什麼回報嗎？」歐幾里得隨即將僕人招來，指示他「拿錢給這位青年。因為他似乎認為，學習就是得獲得一些回報才行……」。

第1章

耳熟能詳的數學定理

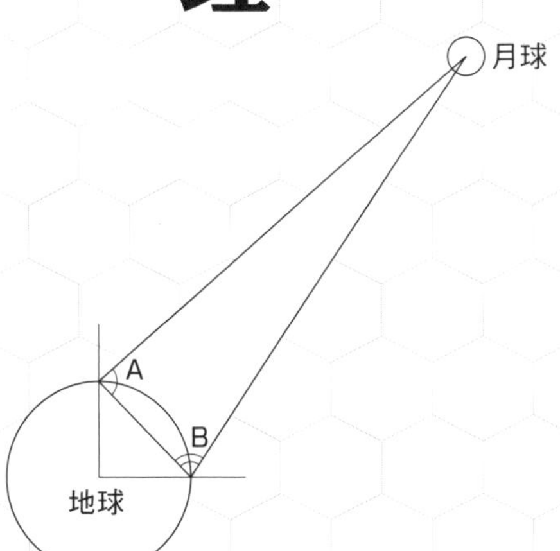

畢達哥拉斯定理與三角函數

數學的歷史可追溯至古希臘時代，當時的數學是與生活緊密相連的。

當時的人們從天文學推導出曆法，也因河川氾濫的困擾，衍生出丈量土地與面積的作業需求，從而誕生微分與積分。

到了現代，一切看似更複雜，卻也更加仰賴數學的貢獻。現今的數學，構築了超越人們想像的世界，這麼說也絲毫不為過。

以大家比較容易理解的電力為例。電力在我們的生活中，已是不可或缺、難以替代的重要能源。**而研究電力的基礎就是數學。若要取得電力相關資格證照，必須學習電學數學，經常需要和三角函數打交道。**

一聽到 sine、cosine、tangent 這些詞，或許會覺得很頭大。不過實際上，我們可以用三角比和畢達哥拉斯定理的角度來認識三角函數。畢達哥拉斯定理又稱畢氏定理，是歐幾里得幾何學中最為人所知的定理（參考P48）。

第一個想到將幾何學應用在實際生活中的，據說是希臘數學家泰利斯（Thales）。

泰利斯最知名的故事，就是測量金字塔的高度。他發現，如果固定直角三角形一角的角度為θ，則無論畫出的三角形有多大，皆為相似三角形。

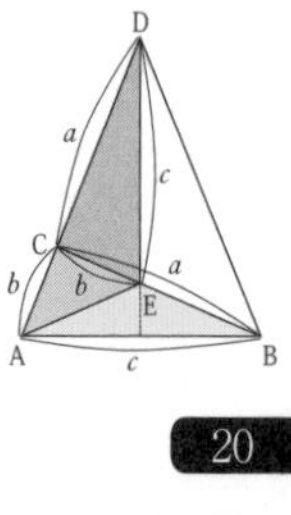

在日式算數中，畢達哥拉斯定理也稱為勾股弦定理。

畢達哥拉斯定理與三角函數

利用影子畫出相似三角形，
測量金字塔的高度。

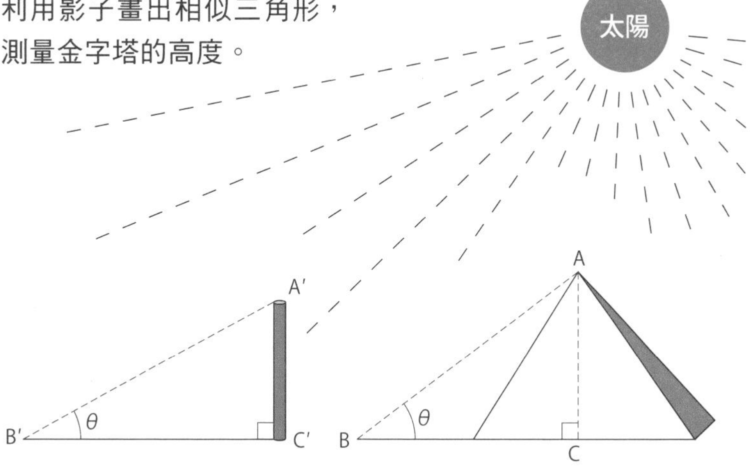

金字塔的影子形成的三角形ABC
與長桿的影子形成的三角形A' B' C' 為相似三角形

AC：A' C' = BC：B' C'

故金字塔的高度為

$$AC = \frac{A'C' \times BC}{B'C'}$$

何謂三角比

在直角三角形中，
定義3個邊長和其中一角的關係

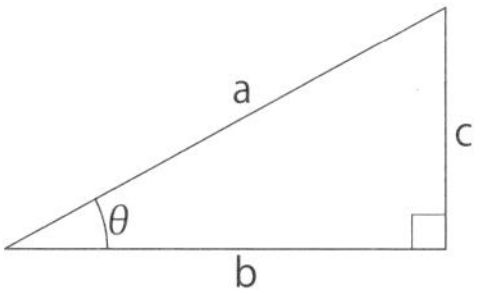

$\frac{c}{a} = \sin\theta$

$\frac{b}{a} = \cos\theta$

$\frac{c}{b} = \mathrm{Tan}\,\theta$

畢氏三元數

像3、4、5或5、12、13這種可以滿足$a^2 + b^2 = c^2$條件的整數組合，就稱為畢氏三元數。這類整數組合來自畢達哥拉斯學派數學家的研究，故得名。

正弦定理的意義及活用方法

用直角三角形的頂點角度來表示邊長的比，就是三角比，而三角函數就是角度的函數。**三角函數，就是將三角比做為一種函數來思考的算數方式。**

利用三角形的性質進行三角測量，其歷史可追溯至公元前2世紀，希帕克斯（Hipparchus）創建三角學，發明了正弦函數。

前面已提過，三角函數可以用來做各種測量。三角測量，就是將待測目標連成一個三角形，從而測量距離的方法。

三角測量的原理是「正弦定理」，可以從三角形的1邊和其兩端的2個角，來推算出另外2個邊的長度。

換言之，只要知道其中1邊和其兩端A、B角的角度，就可以計算出到另一點C之間的距離。

應該有人記得，高中數學曾學過「sin（sine）」就是正弦的意思，在正弦定理中扮演很重要的角色。

在日常生活中，正弦定理又是如何被應用的呢？利用三角測量，我們就能丈量寬廣的空間，因此可應用在大範圍的測量上。

舉例來說，從地球到月球或人工衛星間的距離，就能用這個方法計算出來。在各式各樣的情境中，都可以活用數學定理。

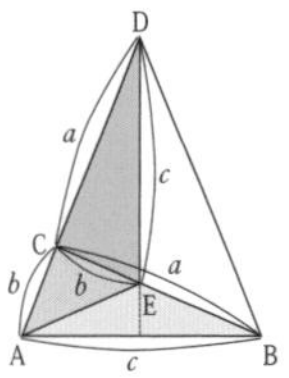

在測量的領域中，三角函數是重要的定理。

正弦定理

正弦定理

$$\frac{a}{\sin A} = \frac{b}{\sin B} = \frac{c}{\sin C} = 2R$$

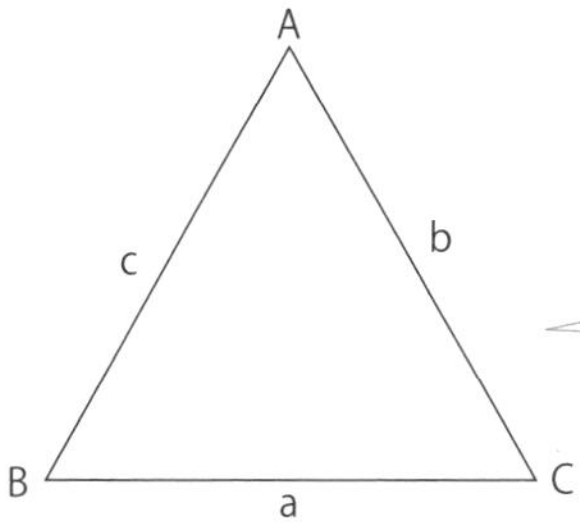

設三角形頂點的內角為A、B、C，各自的對邊為a、b、c，三角形ABC的外接圓半徑為R時，滿足上述正弦定理。

〈利用三角測量的方法，測量地球至月球的距離〉

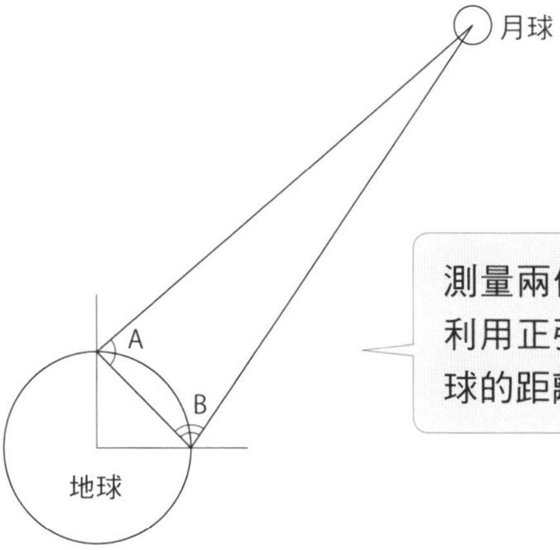

測量兩個角度的數值，就能利用正弦定理計算地球到月球的距離。

三角比的定義

$$\sin\theta = \frac{高}{斜邊} = \frac{b}{c}$$

$$\cos\theta = \frac{底邊}{斜邊} = \frac{a}{c}$$

$$\tan\theta = \frac{高}{底邊} = \frac{b}{a}$$

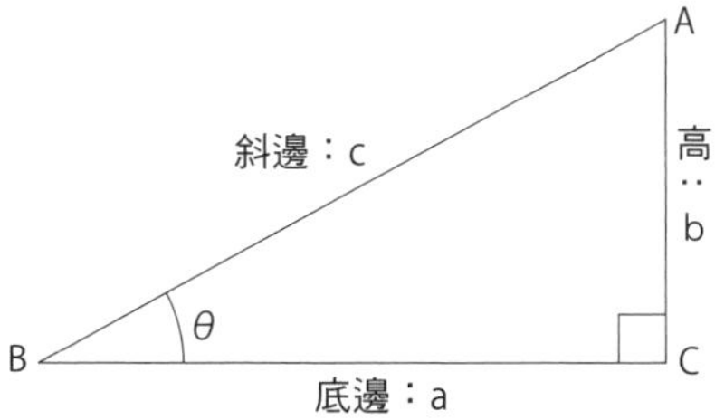

餘弦定理的意義及活用方法

舉例來說，當我們想要測量A、B兩地點間的距離，但A、B之間有許多建築物、樹木或山丘等阻礙。碰上這樣無法直接測量的狀況時，可以利用三角函數，求出A、B之間的距離。

首先，找一個可以同時看到A、B兩處的地點C。接著，分別測量AC和BC的距離，再測量C角的角度。只要知道這些數值，就能用三角函數算出AB的長度。

若已知三角形的2個邊長及兩者所夾的角度，就能求出另1邊的邊長，這就是餘弦定理。

「餘弦定理」的思考原理，是在三角形ABC的一邊上做垂線，畫出兩個直角三角形。過程中會用到三角函數和畢達哥拉斯定理。

以左頁圖為例，由直角三角形ACH和直角三角形AHB，即能導出餘弦定理。

餘弦定理會用到cos（cosine）。cosine就是餘弦的意思。當直角三角形的斜邊長為c、底邊為b時，cosθ就是b／c。

以60°角的三角形來說，cosθ是$\frac{1}{2}$。cosθ的算式為底邊÷斜邊，故若三角形的斜邊為底邊的2倍長，可知其角度為60°。

請參照第23頁的三角比圖示。

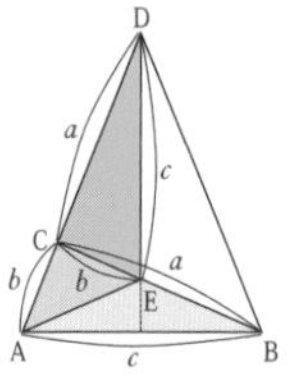

由三角函數可以求出直角三角形的角度。

餘弦定理

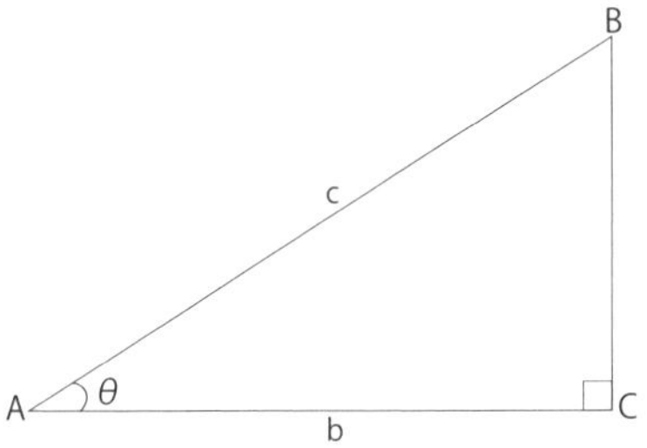

＜餘弦＞

斜邊長為 c ，底邊長為 b

$\cos\theta = \frac{b}{c}$

$$c^2 = a^2 + b^2 - 2ab\cos C$$

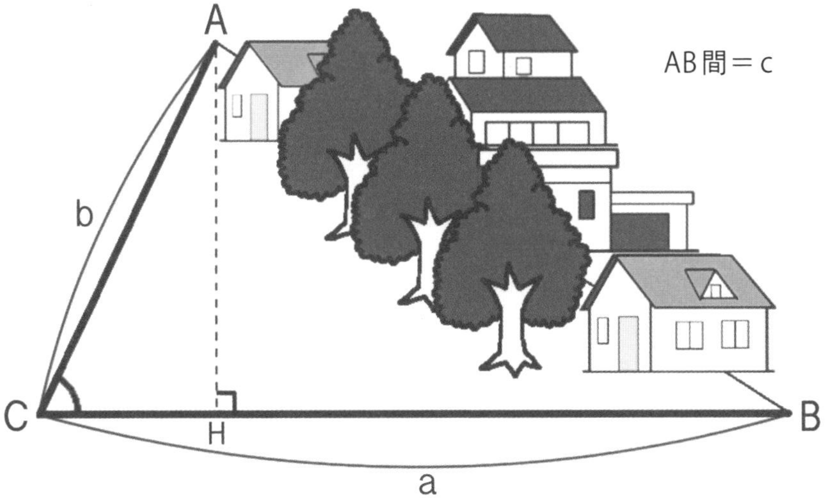

- 想測量AB之間的距離，但中間有樹木或房屋等建築物阻礙而無法直接測量時，可使用餘弦定理。
- 設任意地點為C，測量AC和CB的距離。
- 畫出直角三角形ACH、AHB，利用三角函數和畢達哥拉斯定理，導出餘弦定理。

泰利斯定理的意義及活用方法

泰利斯可說是時代最古早的數學家了（約在公元前625年至公元前547年）。他也是知名的自然哲學家，人稱希臘七賢之一。

他值得一提的成就，是證明了某些用於土地丈量的圖形其性質，而這些性質在過往只能靠經驗說明。泰利斯的證明，建立了幾何學的基礎。

由泰利斯所證明的定理中，以下兩則較為知名。

＊＊＊

- 有2個三角形，如果其中1組邊長及其兩端的2個內角均相等，則2個三角形為全等三角形。
- 有2個三角形，如果其中1組內角及夾住該角的2個邊長均相等，則2個三角形為全等三角形。

＊＊＊

除上述之外，還有關於圓周角的定理，即「泰利斯定理」。

定理的內容為：直徑上的圓周角必然為直角。以O為圓心、AB為直徑做圓，將A、O、B的連線做為三角形的1邊，與圓周上的任一點P相連，則PA與PB形成的圓周角必為直角。

在天文學的領域中，泰利斯同樣嶄露才華。根據留下的紀錄，他曾經透過計算推導出日食發生的時間。

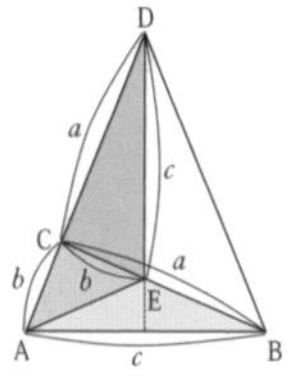

泰利斯是建立幾何學基礎的人物。

泰利斯定理及證明

直徑上的圓周角必為直角

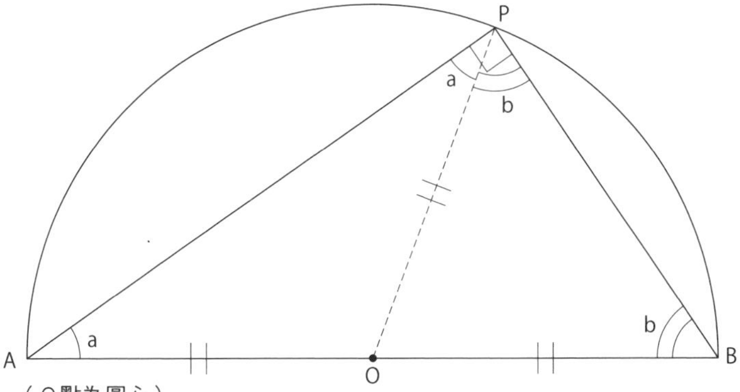

（O點為圓心）

與直徑相對的圓周角一定是直角。

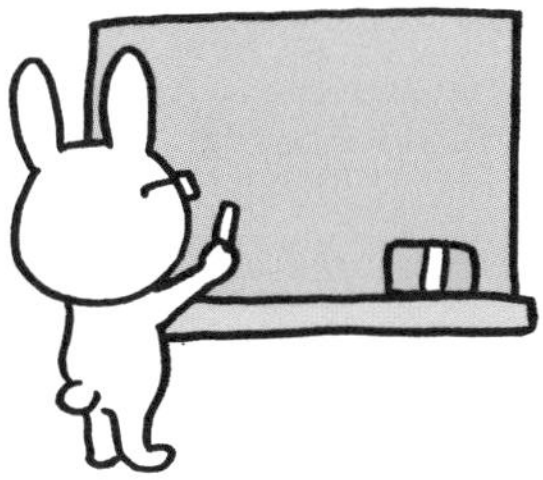

在三角形PAB中，將P點與O點連線，可畫出兩個等腰三角形。
設兩個等腰三角形相等的底角分別為a、b，
則三角形PAB的內角和為
$(a+a)+(b+b)=2\angle R$（2個直角）
可得出
$$a+b=\angle R$$
故　$\angle P=\angle R$

圓周角定理

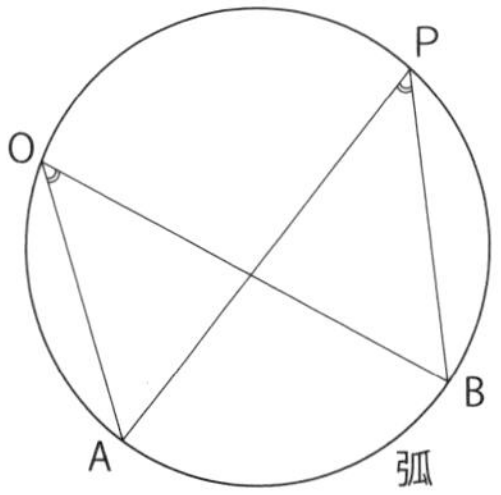

「與同1個弧AB相對應的所有圓周角，角度均相等。」

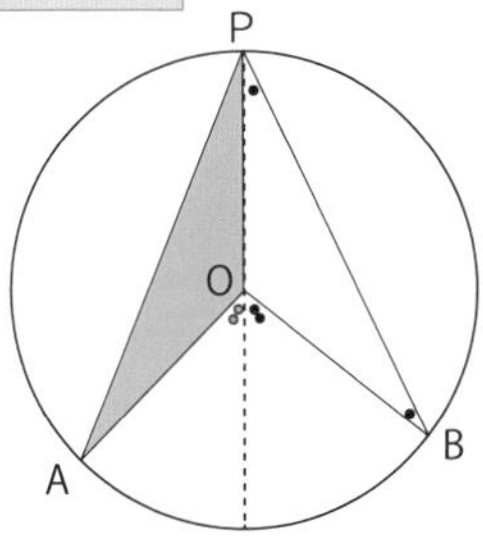

「1弧AB相對應的圓周角，為其對應的圓心角的一半。」

數學小故事2

畢達哥拉斯定理及其延伸定理

由「畢達哥拉斯定理」延伸出來的定理，除了本章介紹的「正弦定理」和「餘弦定理」較具代表性外，還有其他幾項定理。

帕普斯（Pappus）的「中線定理」便是其一。三角形OAB中，設邊長AB的中點為M，則

$OA^2 + OB^2 = 2(MA^2 + OM^2)$。

此外，若將三角形的頂點與對邊的中點做連線，則此線段會將三角形的面積畫為2等分。面積相等的現象稱為等積。

證明中線定理的方法之一，是從三角形的頂點O做一條垂線，並利用畢達哥拉斯定理證明。與三角形有關的定理中，許多證明過程都會用到畢達哥拉斯定理。

例如「托勒密定理」，是指當四邊形ABCD為圓內接四邊形時，

AB · CD + AD · BC = AC · BD的等式成立。

另外還有「月牙定理」。

以直角三角形ＡＢＣ的各邊為直徑，做三個半圓。這三個半圓會形成兩個月牙，而兩個月牙的面積和，等於直角三角形的面積。

月牙的部分稱為「希波克拉底月牙」。是不是非常美麗又不可思議的定理呢？

月牙AC＋月牙BC＝三角形ABC的等式成立。

大家應該多少看過這個「月牙定理」的數學圖形。與三角形緊鄰的兩個半圓（半徑為ＡＣ和ＢＣ）的面積與三角形的面積相加，最後減去直徑ＡＢ的半圓的面積，就能求出兩個月牙的面積。

畢達哥拉斯定理及其延伸定理

中線定理

$OA^2 + OB^2 = 2(MA^2 + OM^2)$

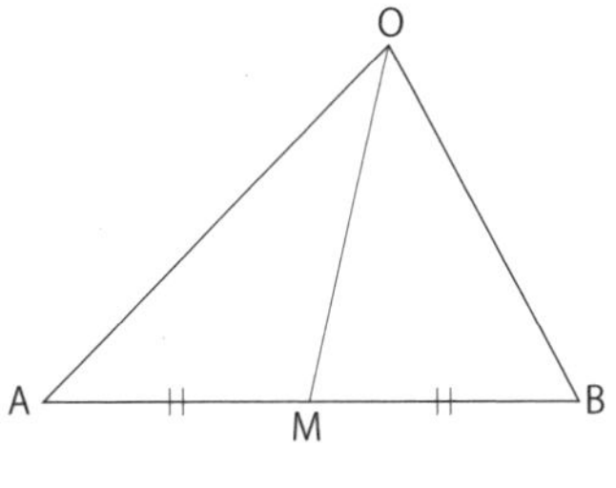

托勒密定理

$AB \cdot CD + AD \cdot BC = AC \cdot BD$

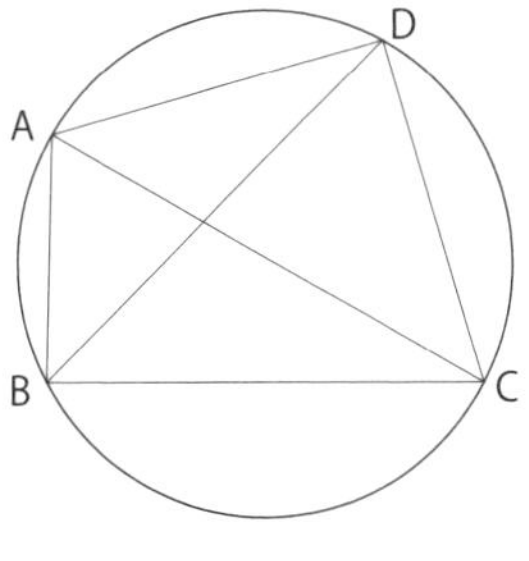

月牙定理

月牙AC＋月牙BC＝三角形ABC

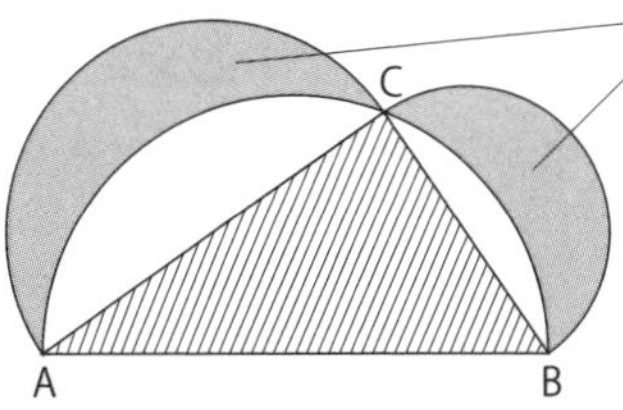

這個部分稱為
「希波克拉底月牙」。

數學家

Column 2

卡爾・弗里德里希・高斯

（1777年～1855年）

天才在數學家中並不少見，不過要說天生就具備計算才能的，就非高斯（Carl Friedrich Gauss）莫屬了。

高斯的父親是個石匠，據說高斯3歲時看到石匠們發的薪水，就能指出計算錯誤的部分。據說10歲時，學校的老師出了一個「計算從1到100所有數字之和」的題目，讓學生們用來打發自習時間，想不到高斯僅花數秒就解開，讓老師大吃一驚。

當其他學生還在照1＋2＝3、3＋3＝6、6＋4＝10……的順序一一相加時，高斯則用下列方法得出了答案：

$$\begin{array}{rl} & 1+2+3\cdots\cdots+99+100 \\ +) & 100+99+98\cdots\cdots+2+1 \\ \hline & 101+101+101\cdots\cdots+101+101 \\ & 101\times100=10100 \\ & 10100\div2=5050 \end{array}$$

答案為　5050

19歲時，高斯想出僅以尺規作圖畫出正十七邊形的方法，自此踏上數學研究的道路。高斯開始在日記中詳細寫下自己在數學上的發現，這本日記直到死後40多年才被找到，然而，裡面只記載了研究結果，因此很難看懂。據說裡面的內容，比當時的數學界超前100年以上，可見高斯確實是不世出的天才。

第2章

融入日常生活的數學定理

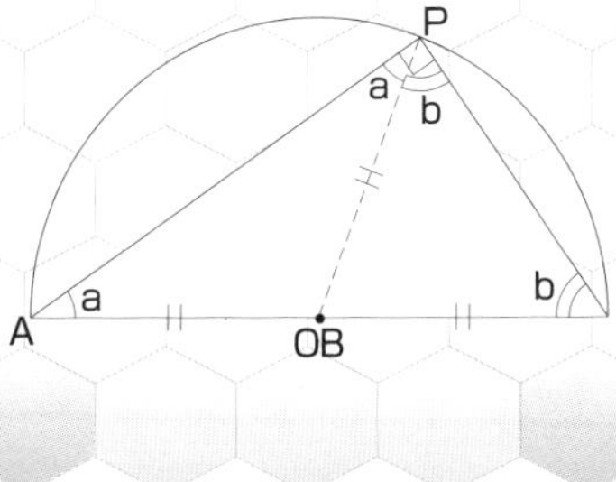

認識4色定理的實用性

過去，在擁有國境邊界的歐洲大陸上，改變邊界是常有的事。每當國境邊界改變時，重繪地圖就是很重要的工作，在知名數學家們的著作中，也經常看到此類問題。**地圖印刷工人從經驗中得知，替不同國家上色時，若有共同邊界的相鄰兩國需填上不同顏色，那麼他們只需要4個顏色，就能填滿任何一種地圖。**第一位提出這個4色問題的人，是1852年的英國數學家格斯理（Francis Guthrie）。許多數學家和數學愛好者也研究過這個問題。

原以為要證明4色問題應該很容易，結果卻出乎意料地困難。直到1976年，才終於由阿佩爾（Kenneth Appel）和哈肯（Wolfgang Haken）證明成功。

除了地圖填色外，4色定理的實用性看似有限，然而實際上，現代手機基地台的電波頻率配置，就會用上4色定理。手機的通訊系統中，頻率相同的電波會相互干擾，因此，相鄰地區必須避免設置電波頻率相同的基地台，這時就可以利用4色定理來分配各地區的頻率。

如今，4色定理已發展出如此具體的應用方法，不過以它的背景來說，實質上還是屬於圖論（Graph theory）方面的問題。

透過4色定理的研究，圖論（如「一筆畫問題」那種由點和線連結而成的圖形）的概念得以發展、進步，方能反映到現實層面的應用上。

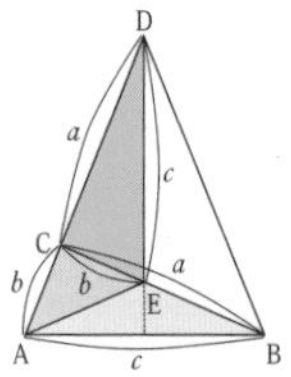

地圖的填色也活用了數學理論。

證明將地圖填色，只需要 4 種顏色即足夠。

1852 年　格斯理（Francis Guthrie）提出 4 色問題。

1878 年　凱萊（Arthur Cayley）再次提出 4 色問題。

1879 年　倫敦律師肯普（Alfred Kempe）證明 4 色問題，但被希伍德（Percy Heawood）指出其中存在錯誤。
（希伍德只證明到 5 色。）

1976 年　哈肯和阿佩爾利用電腦運算證明了 4 色問題。
（歷經 4 年，耗費約 1000 小時以上。）

4 色定理的實用性

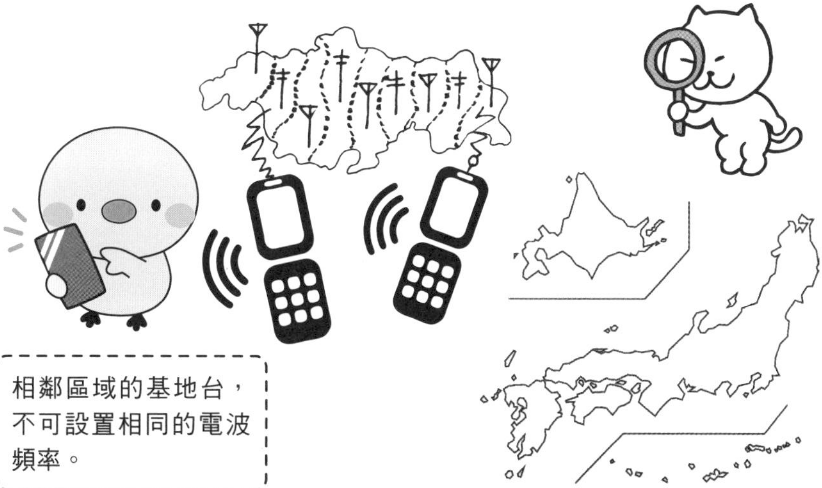

相鄰區域的基地台，不可設置相同的電波頻率。

探討4色定理的發展

研究圖（Graph）的數學性質這一領域的起點，是「柯尼斯堡7橋」問題。大約在260年前的德國柯尼斯堡，有一條架了7座橋的河流，而這個問題就是：是否有可能在每座橋都只能走過一遍的前提下，走過所有的橋並回到原點？解開這個問題的，是德國數學家歐拉。歐拉將問題簡化為「把每座橋視為一條邊，這樣的圖是否有可能用一筆畫完？」最後證明是不可能的。我們在族譜或組織樹狀圖中也會見到像這樣訴諸視覺、幫助理解效果的圖。

4色問題也可從正多面體角度來思考。

①正四面體（4面）：需要4個顏色。由於每個面都和所有的邊相接，最少需要4個顏色。

②正六面體（6面）：需要3個顏色。在相對的面填上相同顏色，就只需要3個顏色。

③正八面體（8面）：需要4個顏色。相鄰的面可以是交互的2個顏色，但在頂點相接的2個面又必須是其他顏色，那麼就只有相對的面可以同色，故需要4個顏色。

④正十二面體：需要4個顏色。不過重點是，4個顏色要各自使用3次，相對的面不能使用相同的顏色。如果只是要求塗上不同顏色，只用3個顏色也辦得到。

⑤正二十面體：需要3個顏色。如果只是要求塗上不同顏色，只用3個顏色也辦得到。

3個顏色中，其中1色要塗6個面，另外2色分別要塗7個面。

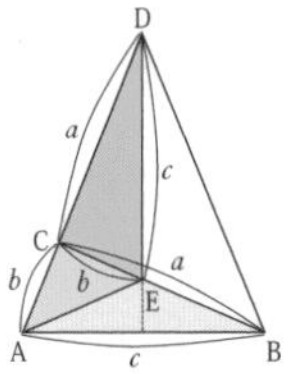

利用數學，就能知道圖形能否以一筆畫完成。

柯尼斯堡的7橋

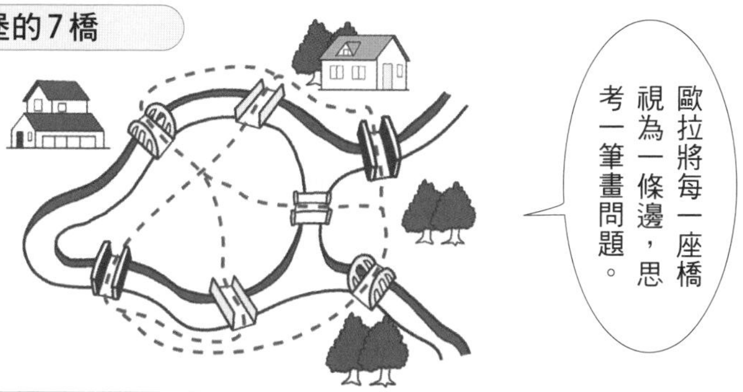

能以一筆畫完成的充分必要條件

- 所有頂點連接的邊數量為偶數。
- 有 2 個頂點連接的邊數量為奇數，其餘頂點連接的邊數量為偶數（根據《大英百科全書》）。

以正多面體來思考

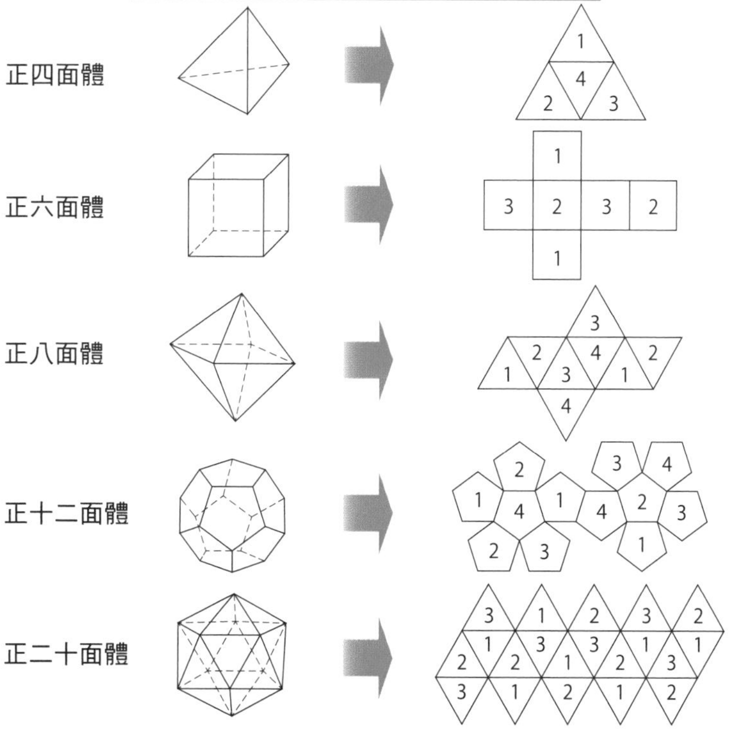

以正二十面體來說，如果相同頂點的面都要塗上不同顏色，則需要5個顏色（特殊狀況）。

足球非球，而是多面體？

足球近年來已成為世界主流運動之一，不過各位知道嗎，足球踢的那顆黑白球，實際上是由五邊形和六邊形組成的多面體！

畢竟叫做「球」，足球確實是非常接近球形，但嚴格來說，足球其實是一個多面體。

一般印象中的足球，是由12個五邊形和20個六邊形組成，自1960年代起，這種設計就是足球最具代表性的模樣。

黑色的正五邊形，周圍環繞著白色的正六邊形，這樣的配置形成的多面體，稱為截角二十面體。

因為是將正二十面體的頂點截去一角而成，故得此名。

從第35頁的圖示可知，正二十面體有12個頂點，將這12個頂點切掉，就會形成五邊形的面，與周圍的六邊形組合成截角二十面體。

12個五邊形和20個六邊形，合計32個面的多面體，其32個頂點全部都可與一個球體內接，因此這就是最接近球形的立體。

古希臘哲學家柏拉圖發現，正多面體只存在5種形態：正四面體、正六面體、正八面體、正十二面體、正二十面體。

足球黑白相間的幾何學圖樣，不僅帶來觀賞上的娛樂與美感，背後也存在紮紮實實的理論基礎。

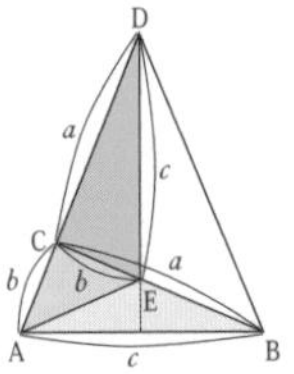

足球居然不是球形，太令人吃驚了！

足球是截角二十面體

足球是將正二十面體的頂點切掉，形成黑色五邊形與周圍的白色六邊形，相互組合為共計32個面的多面體。

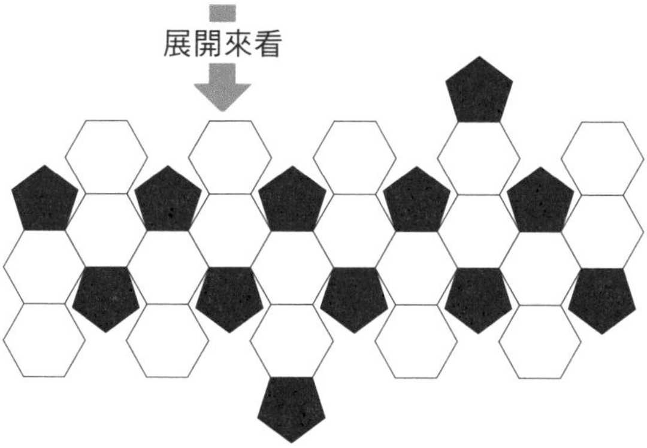

足球

正五邊形（黑）⋯⋯⋯12個
正六邊形（白）⋯⋯⋯20個
是這樣組合而成的。

歐拉的多面體定理（歐拉公式）

頂點數－邊數＋面數＝ 2

正六面體	8 － 12 ＋ 6 ＝ 2
正八面體	6 － 12 ＋ 8 ＝ 2
正十二面體	20 － 30 ＋ 12 ＝ 2
正二十面體	12 － 30 ＋ 20 ＝ 2

六邊形的蜂巢是有其道理的

說到自然界中的正多邊形，首先就會想到蜂巢。**可以用單一圖形就將平面填滿的正多邊形有3種：正三角形、正方形、正六邊形。而且，就只有這3種而已。**

有些生活周遭常見的馬賽克圖案，乍看雖像正多邊形，其實是由多邊形混搭鑲嵌而成的。

可以用來鋪平面磁磚的正多邊形只有3種，這已是經過證明的事實。

若要滿足可以鋪磁磚的條件，數個正多邊形必須要能在1個頂點周圍排成360度才行。滿足這個條件的正多邊形，只有正三角形、正方形和正六邊形而已。

在自然界中，很難找到三角形和四邊形。

例如太陽和月亮都是圓形的，那為何蜂巢不是圓形，而是六邊形呢？

古希臘數學家帕普斯認為，「巢最重要的是防範來自外部的入侵，因此必須由多邊形構成，也就是三角形、正方形或六邊形。其中以六邊形的面積最大，適合蜜蜂用來儲藏蜂蜜」。

確實，如果由多個圓形組成，中間會出現空隙。

而如果是六邊形堆疊起來，每個小房間彼此就可以緊密相接。

蜜蜂憑著本能，就知道該如何將蜂蜜的儲藏空間利用到最大。

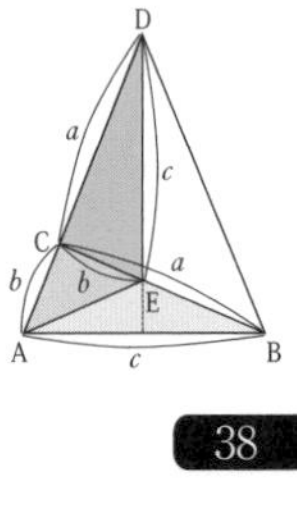

鋪設磁磚有著非常嚴謹的規矩。

如果是圓形的蜂巢，就會出現空隙

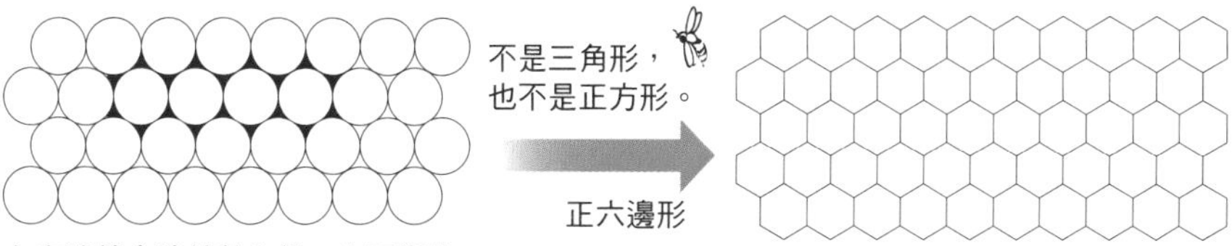

有空隙就會讓外敵入侵，也不衛生。

馬賽克鑲嵌有3種形式

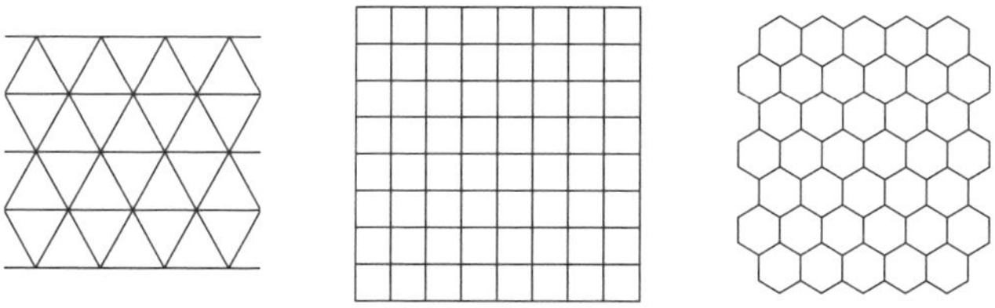

正三角形　　正方形　　正六邊形

證明只有正三角形、正方形、正六邊形3種形式

①三角形的內角和為180°

②將n邊形的任一頂點與其他頂點連線，將n邊形分割為(n－2)個三角形

③n邊形的內角和為
$(n-2)\times 180^\circ$

④正n邊形的其中一個內角為
$\dfrac{n-2}{n}\times 180^\circ$

接著，設正n邊形的磁磚有A個時，可以將平面鋪滿。

⑤ $\dfrac{A\times(n-2)}{n}\times 180^\circ=360^\circ$

以此算式計算下去

$A(n-2)=2n$

$An-2A-2n=0$

$An-2A-2n+4=4$

$(A-2)(n-2)=4$

（$n\geqq 3$，因為沒有比三角形邊數更少的多邊形。）

⑥將整數套入⑤的算式中，只能得到

$1\times 4=4$、$2\times 2=4$、$4\times 1=4$

的結果，只有1、2、4

即 $n-2=1$、2、4

故得證 $n=3$、4、6

從晴空塔上可以看到多遠？

東京晴空塔（東京都墨田區）於2012年5月啟用，是日本最高的電波塔。塔內除了訊號發射設備外，還規劃有商業設施、展示空間、商辦與展演場所等。

晴空塔占地3萬6844m²，高634m，並於高350m處設有第一展望台，450m處設有第二展望台。天氣晴朗時，從展望台甚至可以遠眺到部分鄰近東京的神奈川縣、千葉縣和茨城縣。不過具體來說，從塔上究竟可以看到多遠呢？只要透過數學計算，就能得知從第一、第二展望台可以看見的正確距離。

由於我們已知展望台的高度與地球半徑（6400km），故利用三角形的相似比，就能求出展望台至地平線的直線距離。換言之，就是從展望台的高度拉一條直線，與地面形成水平切線，計算切點至展望台之間的長度。

如左頁圖所示，將地球視為一個以O點為中心的圓，地球的直徑為QR。展望台為P點，設P至地球的切點為T，則△PTQ和△PRT為2個角對應相等的相似三角形。

接著，利用相似比來計算，就可以導出從展望台至地平線的距離PT。如此可知，從350m的第一展望台可以看到約67km遠，450m的第二展望台可以看到約76km的遠處。

以相同方法，也可以計算從富士山遠眺的距離。

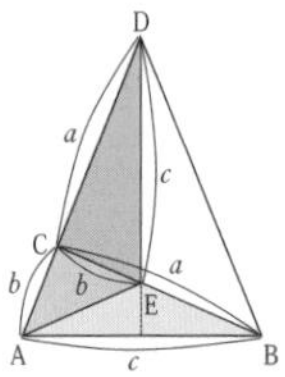

從晴空塔上眺望的視野可達70km之遠。

從晴空塔可以遠眺的範圍

設晴空塔展望台為P點，
P至地球的切點為T。

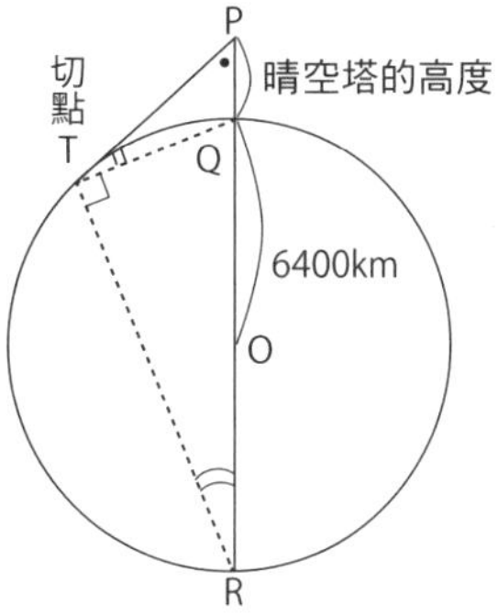

△*PTQ*∽△*PRT*
（2個角對應相等的相似三角形）
PT：*PQ*＝*PR*：*PT*

即 $\frac{PT}{PQ}=\frac{PR}{PT}$

故 $PT^2=PQ\times PR$

第1展望台　$PT^2=0.35km\times(0.35km+6400km\times2)\fallingdotseq 4480km$
$PT\fallingdotseq 67km$
第2展望台　$PT^2=0.45km\times(0.45km+6400km\times2)\fallingdotseq 5760km$
$PT\fallingdotseq 76km$

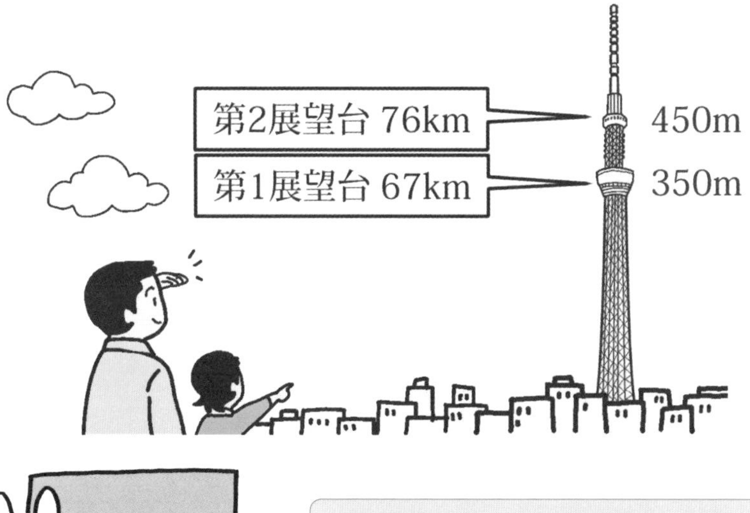

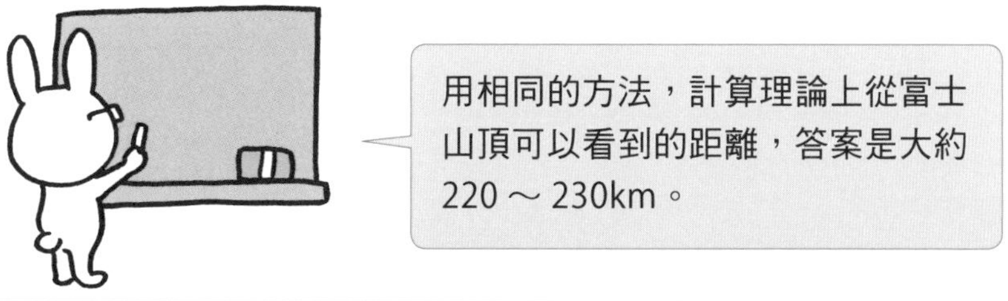

正多面體的性質與歐拉的多面體定理

正多面體也被稱為柏拉圖多面體。柏拉圖所處的古希臘時代，當時的數學很重視調和性。調和的平面圖形是圓形和正多邊形，而調和的立體圖形就是球和正多面體。要做出一個正多面體，好像只需要增加平面的數量就可以了，且平面數看似可以無上限多，但其實並非如此。

符合正多面體條件的立體圖形，只有5種而已。

即正四面體、正六面體（立方體）、正八面體、正十二面體，和正二十面體。

①所有平面都是相同的正多邊形、②匯集於每個頂點的平面數量都相等，滿足這兩個條件的多面體，就是正多面體。

光是其美麗的立體形態，就已讓柏拉圖感動不已。在他發現正多面體的對偶關係時，更留下了「是神在運行幾何學」的名言。

在柏拉圖的心目中，立體之美想必是如此至高無上，堪比「神的作品」吧！

柏拉圖對5種正多面體進行測試：在每個面的中心設一個頂點，再將這些點連接成另一個多面體。結果發現，新的多面體也會是正多面體。

這就是所謂的對偶多面體。正六面體的對偶是正八面體，正十二面體的對偶是正二十面體。

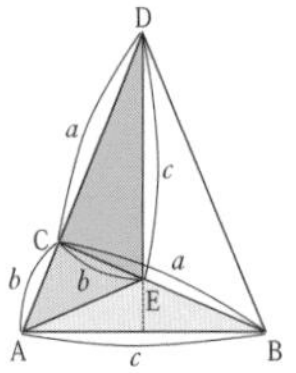

柏拉圖留下了「是神在運行幾何學」的名言。

正多面體有5種

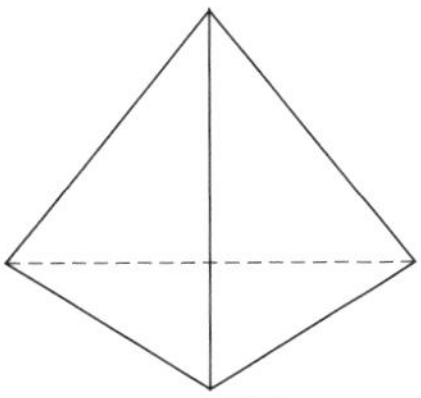

正四面體

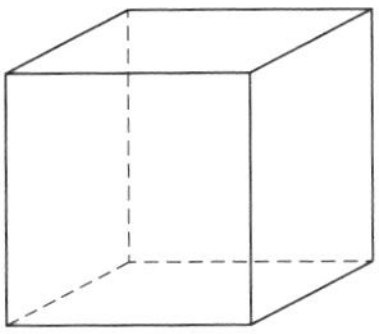

正六面體

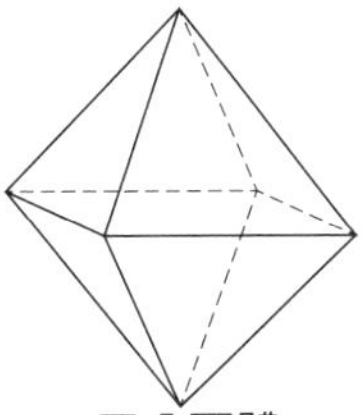

正八面體

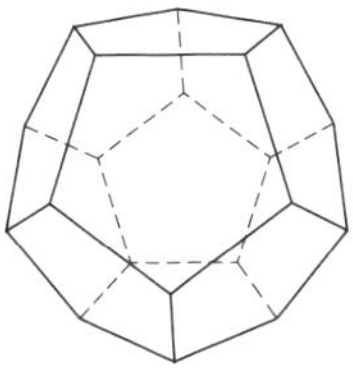

正十二面體

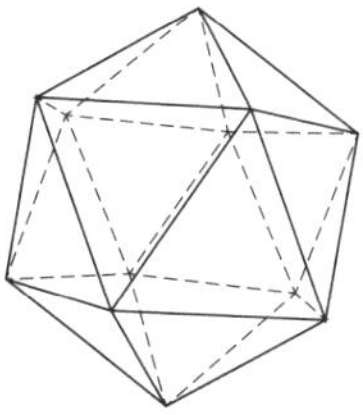

正二十面體

正多面體的定義

1. 構成正多面體的所有平面，都是彼此相等的多邊形。且所有頂點的平面角都相等（平面角：2個面相交時，面與面之間的夾角）。
2. 構成正多面體的平面，只能是三邊形、四邊形或五邊形。

正多面體的性質

	頂點數目	邊的數目	面的數目
正四面體	4	6	4
正六面體	8	12	6
正八面體	6	12	8
正十二面體	20	30	12
正二十面體	12	30	20

歐拉的多面體定理：多面體的頂點數為v，邊數為e，平面數為f，則v－e＋f＝2成立。

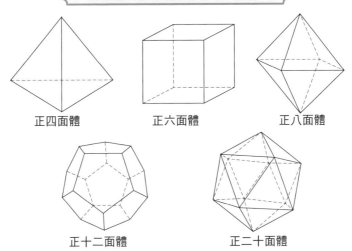

數學小故事3

美麗的整數，有數學女王的美譽

簡潔美麗的「質數」，指的是比1大，且除了1和該數本身以外沒有其他因數的數，如2、3、5、7、11、13、17、19……等。質數有無限多個，這點已由歐幾里得（古希臘數學家）證明。

在質數中，彼此相差為2的一對質數，稱為「孿生質數」。例如5和7、11和13、17和19、137和139等，孿生質數理論上應該是無限多的，但尚未得到證明。

而像6=1+2+3這樣，某個自然數除了自身之外所有因數的和，剛好等於該自然數時，則該數為「完全數」。

古希臘數學中，相當重視「完全」的體現。偶數的完全數已由歐拉證明，但奇數的完全數是否存在，目前還尚未有定論。

除了6之外，完全數還有28=1+2+4+7+14、496=1+2+4+8+16+31+62+124+248、8128=1+2+4+8+16+32+64+127+254+508+1016+2032+4064。這些是在希臘時代就已發現的完全數，而第5個完全數，則要到1700年後才

被發現。現今已發現的完全數有50個。

220的因數，除了自身以外有1、2、4、5、10、11、20、22、44、55、110，加起來的和為284。

而284的因數，除了自身以外有1、2、4、71、142，和為220。

220和284就稱為彼此的親和數，這樣的現象在古希臘時代就已發現。

下一對親和數是17296和18416，由費馬發現。

數字金字塔

美麗又奇妙！

$11 = 6^2 - 5^2$

$111 = 56^2 - 55^2$

$1111 = 556^2 - 555^2$

$11111 = 5556^2 - 5555^2$

$0 \times 9 + 1 = 1$

$1 \times 9 + 2 = 11$

$12 \times 9 + 3 = 111$

$123 \times 9 + 4 = 1111$

$1234 \times 9 + 5 = 11111$

$12345 \times 9 + 6 = 111111$

$123456 \times 9 + 7 = 1111111$

$1234567 \times 9 + 8 = 11111111$

$12345678 \times 9 + 9 = 111111111$

數學家
Column 3

柏拉圖

（約公元前427年～公元前347年）

柏拉圖身為知名的古希臘哲學家，其實在數學領域也多有建樹。

柏拉圖出生於雅典，是蘇格拉底的學生。在蘇格拉底遭判死刑後，柏拉圖感受到生命威脅，便離開希臘前往各國旅行並研究數學。

返國後，柏拉圖在雅典創立了學院（Academy，現代大學的前身），傳說大門上還寫著「不懂幾何學者，不得入此門」。

據說，第一個研究角柱、角錐、圓柱和圓錐的人就是柏拉圖，他也留下許多關於多面體的研究。

證明了正多面體只有5種的人似乎不是柏拉圖，但他應該知道這個事實。

其他知名的學說，還包括用正多面體解釋宇宙的調和性，將多面體與土、水、火、風4大元素連結對應。

柏拉圖的哲學思想和數學性的思考方式，對重視證明的數學帶來莫大影響，促進了希臘數學的發展。

第3章

學校學過的數學定理

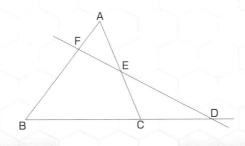

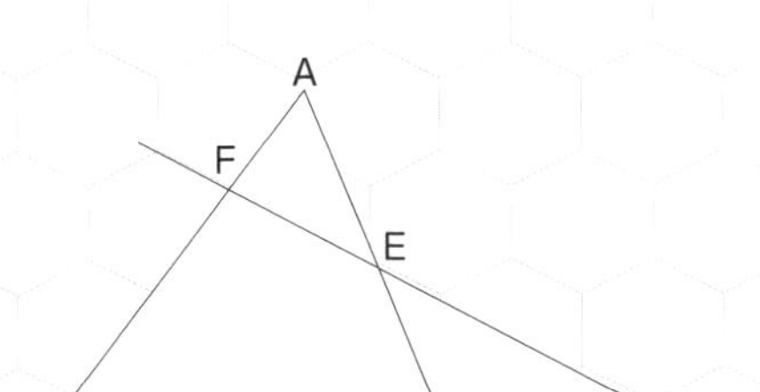

畢達哥拉斯定理

畢達哥拉斯定理又名「畢氏定理」，是初階（歐幾里得）幾何學中最知名的定理。

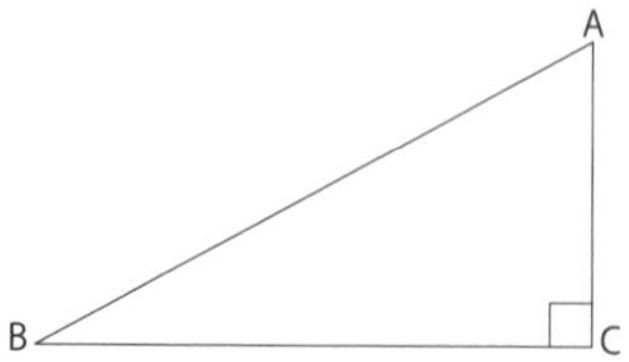

假設直角三角形ＡＢＣ中的∠Ｃ為直角，則$AC^2+CB^2=AB^2$的描述將成立；反之，若三角形ＡＢＣ滿足上列描述，則∠Ｃ必為直角。

畢氏定理從古埃及時代開始，就被用來作為土地面積的測量方法。

做法是在地上立起一根長桿，並綁上一條繩子，就能丈量土地面積。

證明畢達哥拉斯定理

單邊邊長為b＋c的正方形，其面積為$(b+c)^2$。

在這個正方形中，若以b為底邊、c為高，畫出4個直角三角形，就會形成一個邊長為a的正方形。

4個小三角形和小正方形的面積和，即為大正方形的面積。

大正方形的面積為　$4\times\frac{bc}{2}+a^2$

即$(b+c)^2=4\times\frac{bc}{2}+a^2$

$$b^2+2bc+c^2=2bc+a^2$$

$$a^2=b^2+c^2$$

（另解）

$$(b+c)^2-a^2=\frac{bc}{2}\times4$$

$$b^2+c^2-a^2+2bc=2bc$$

$$a^2=b^2+c^2$$

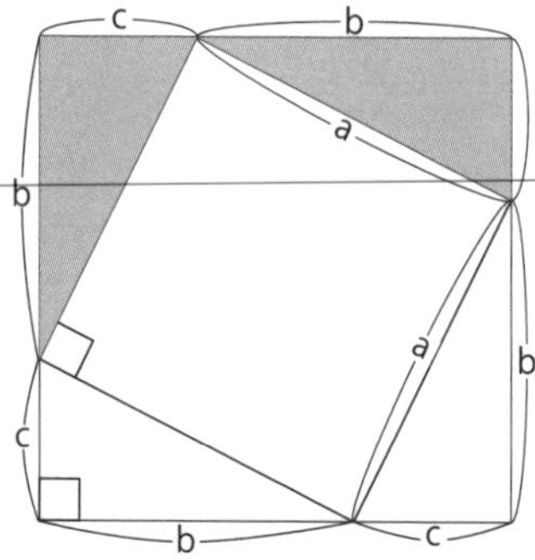

西瓦定理

△ABC的三個邊BC、CA、AB上，分別有一點D、E、F，若AD、BE、CF這3條直線通過同1點P，則 $\frac{BD}{DC} \cdot \frac{CE}{EA} \cdot \frac{AF}{FB} = 1$ 。

這就是西瓦定理。此外，西瓦定理反過來同樣成立。

＜用西瓦定理來認識重心＞

BD=*DC*、*EA*=*CE*、*AF*=*FB*

$$\frac{BD}{DC} = \frac{CE}{EA} = \frac{AF}{FB} = 1$$

故

$$\frac{BD}{DC} \cdot \frac{CE}{EA} \cdot \frac{AF}{FB} = 1$$

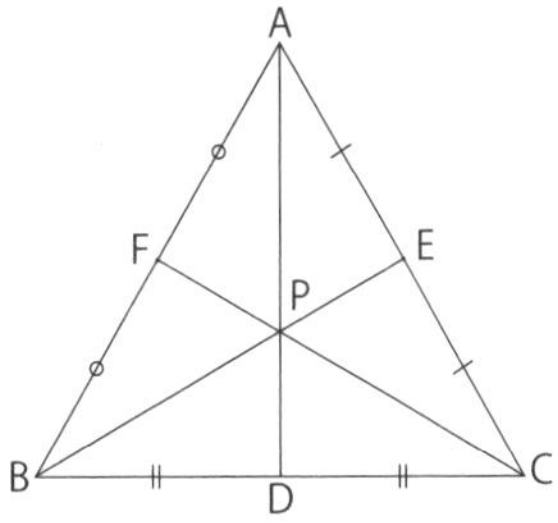

這個共同的交點P稱為重心，是西瓦定理中一個在特殊條件下成立的例子。

證明西瓦定理

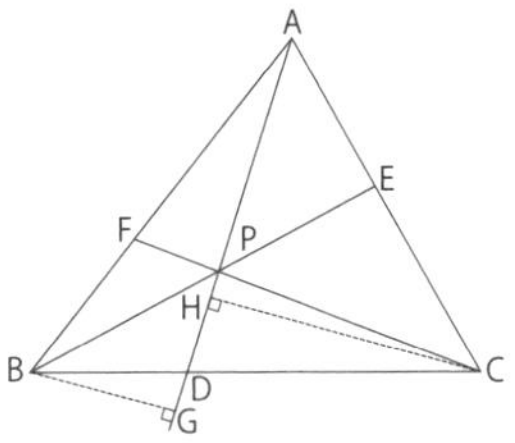

3條直線AD、BE、CF交會於P點。

從B、C做垂線BG、CH到直線AD上。在△ABP和△ACP中，若把AP做為底邊，則 $\frac{\triangle ABP}{\triangle ACP} = \frac{BG}{CH}$ ，而由於BG //CH，

$\frac{BG}{CH} = \frac{BD}{CD}$ （△GBD∽△HCD），故 $\frac{\triangle ABP}{\triangle ACP} = \frac{BD}{CD}$

同理， $\frac{\triangle BCP}{\triangle ABP} = \frac{CE}{EA}$ 、 $\frac{\triangle CAP}{\triangle BCP} = \frac{AF}{FB}$ 亦成立。

$$\frac{BD}{DC} \cdot \frac{CE}{EA} \cdot \frac{AF}{FB} = \underbrace{\frac{\cancel{\triangle ABP}}{\cancel{\triangle CAP}} \cdot \frac{\cancel{\triangle BCP}}{\cancel{\triangle ABP}} \cdot \frac{\cancel{\triangle CAP}}{\cancel{\triangle BCP}}}_{\text{可以約分}} = 1$$

孟氏定理

如果一條直線與△ABC的邊BC、CA、AB或其延長線分別有交點D、E、F，則

$$\frac{BD}{DC}\cdot\frac{CE}{EA}\cdot\frac{AF}{FB}=1$$

這就是孟氏定理。

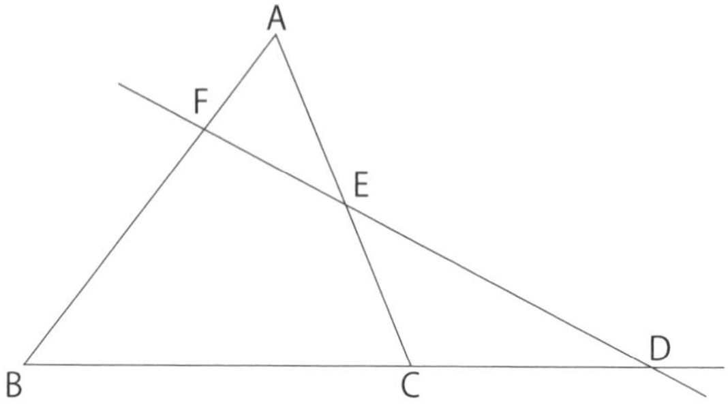

和西瓦定理一樣，孟氏定理反過來也同樣成立。

證明孟氏定理的人，是古希臘天文學家梅涅勞斯（Menelaus）。

證明孟氏定理

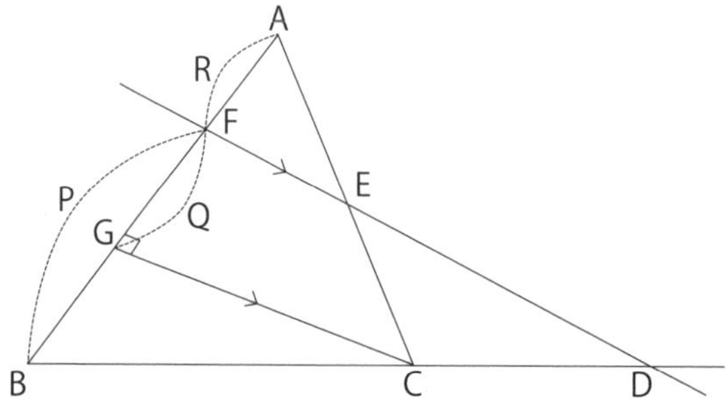

做一條通過C點，且與線段DE平行的直線，
此線與AB交於G點。設BF＝P、GF＝Q、FA＝R。

$$\frac{BD}{DC}=\frac{P}{Q}、\frac{CE}{EA}=\frac{Q}{R}、\frac{AF}{FB}=\frac{R}{P}$$

$$\frac{BD}{DC}\cdot\frac{CE}{EA}\cdot\frac{AF}{FB}=\frac{P}{Q}\cdot\frac{Q}{R}\cdot\frac{R}{P}=1$$

托勒密定理

這是在「畢達哥拉斯定理及其延伸定理」中提過的定理（P.28）。

當四邊形*ABCD*為圓內接四邊形時，

$AB \cdot CD + BC \cdot AD = AC \cdot BD$。

這就是托勒密定理。

托勒密（公元1世紀左右）的譯名來自Ptolemaeus的英語式發音。

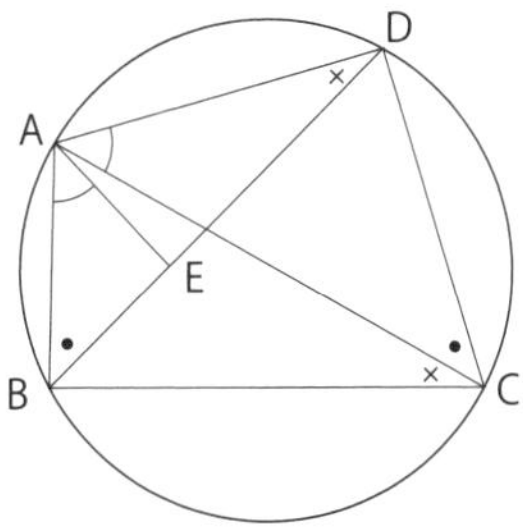

證明托勒密定理

• 在線段BD上取一點E，使∠BAE＝∠CAD。

三角形ABE和三角形ACD相似，

（因為∠BAE＝∠CAD，圓周角∠ABE＝∠ACD）

$$\frac{AB}{BE} = \frac{AC}{CD}，故 AB \cdot CD = AC \cdot BE \cdots\cdots(1)$$

而三角形ABC和三角形AED也相似，

（因為∠BCA＝∠EDA，圓周角∠BAC＝∠EAD）

$$\frac{AD}{DE} = \frac{AC}{BC}，故 AD \cdot BC = AC \cdot DE \cdots\cdots(2)$$

將(1)和(2)兩式相加，即得出AB・CD＋AD・BC＝AC・BD

（因為BD＝BE＋DE）

月牙定理

這是在「畢達哥拉斯定理及其延伸定理」中提過的定理（P.28）。

分別以三角形ABC的各邊AB、AC、BC為直徑做半圓。將AB和AC 的半圓面積，加上BC半圓裡的三角形ABC面積，再減去BC半圓的面積，就會形成兩個弓形的月牙S_1、S_2，而兩個月牙的面積和，會等於三角形ABC的面積S_3。換言之，就是$S_1 + S_2 = S_3$。這就是月牙定理。

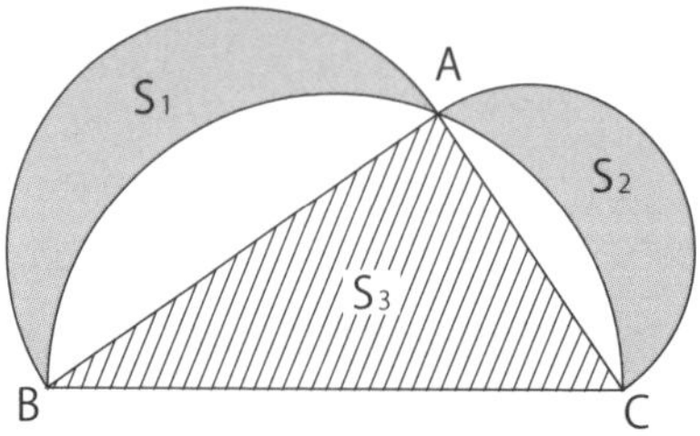

證明月牙定理

$$S_1+S_2=S_3+\left(\frac{AB}{2}\right)^2\pi\cdot\frac{1}{2}$$ ……以AB為直徑的半圓面積

$$+\left(\frac{AC}{2}\right)^2\pi\cdot\frac{1}{2}$$ ……以AC為直徑的半圓面積

$$-\left(\frac{BC}{2}\right)^2\pi\cdot\frac{1}{2}$$ ……以BC為直徑的半圓面積

$$=S_3+\frac{\pi}{2}\cdot\frac{1}{4}\underbrace{(AB^2+AC^2-BC^2)}_{\text{三平方定理為0}}$$

$$=S_3$$

故得證

$$S_1+S_2=S_3$$

弦切角定理

<圓周角定理>

圓周上的任意2點A、B，與圓周上的另1點P連接形成的弧，其圓周角是固定的。

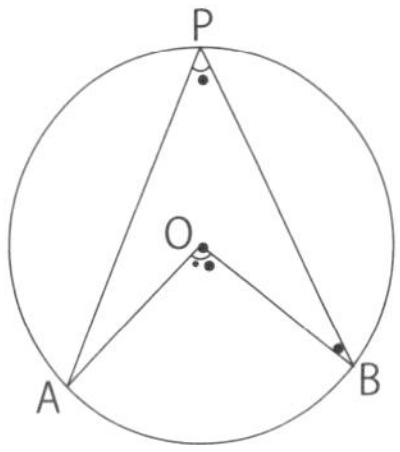

1個弧對應的圓周角度數是固定的，

且為該弧對應的圓心角的一半。這就是圓周角定理。

半圓所對的圓周角為90°（直角）。

此外，圓周角為圓心角的2分之1。

<弦切角定理>

「圓的切線與通過切點的弦形成的夾角，其角度和所夾的弧對應的圓周角相等」這就是弦切角定理。

證明弦切角定理

以通過圓心O的半徑AC為一邊，畫出三角形ACB

∠ABC＝∠R（直角）

則∠ACB＝∠R－∠BAC

又

∠BAT＝∠R－∠BAC

∠APB＝∠ACB（圓周角）

故

∠BAT＝∠ACB＝∠APB

得證

∠BAT＝∠APB

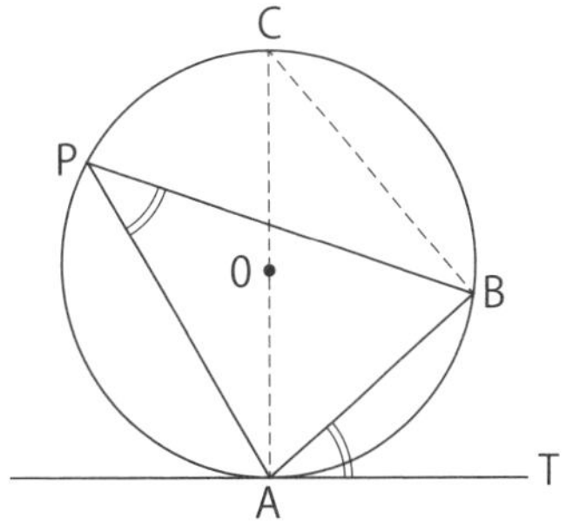

三角形重心定理的應用

三角形有5心（內心、外心、重心、垂心、旁心），這裡就來證明比較容易理解的重心定理吧。

認識三角形的重心定理後，可以應用到很多地方。

三角形的3條中線交於1點，該點會把3條中線各自分為2：1的長度。

這3條中線的交點，就是三角形的重心。

接著，就來應用看看三角形的重心定理吧！

在平行四邊形ABCD的對邊AD、BC上分別取中點E、F，並設AF、CE與對角線BD的交點各為P、Q。

試著證明$BP=PQ=QD$吧！

使用三角形重心定理的證明

根據上述問題做圖，可得下圖①。

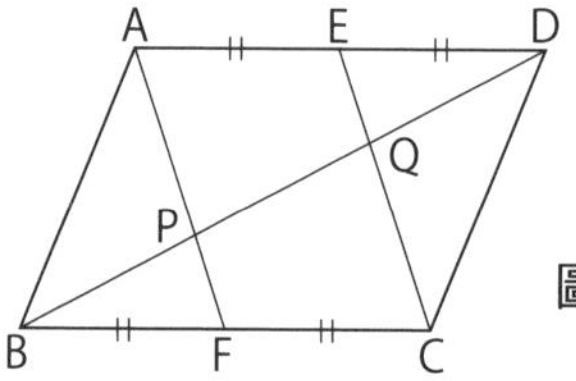

圖①

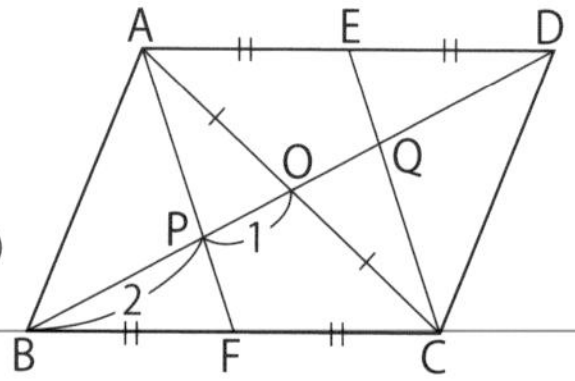

圖②

如圖②所示，畫出對角線AC，並與BD相交於O點。

O點對△ABC來說，AO＝OC、BF＝FC，故P點為△ABC的重心。

由此可知BP＝2PO，同理QD＝2OQ。由於BO＝OD，若PO＝1，則BP＝QD＝2。又，若PO＝OQ＝1，則PO＋OQ＝PQ＝2。故BP＝PQ＝QD。

切割線定理

設圓O之外有1點T，由T引出的切線之切點為P，再引出一條割線，與圓O相交於2點A、B。此時，下列等式將成立。

$TP^2 = TA \times TB$

這就是切割線定理。

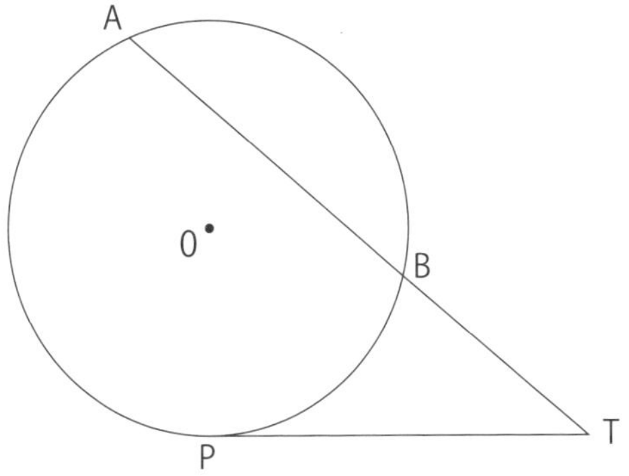

證明切割線定理

如圖所示，做線段AP與BP，根據弦切角定理（P.53）

$\angle PAT = \angle BPT$……①

對△APT和△PBT而言，

$\angle ATP = \angle PTB$……②

由於2個三角形中有2組對應角相等，故

△APT和△PBT

為相似三角形

TA：TP＝TP：TB

可得出$TP^2 = TA \times TB$

等式成立。

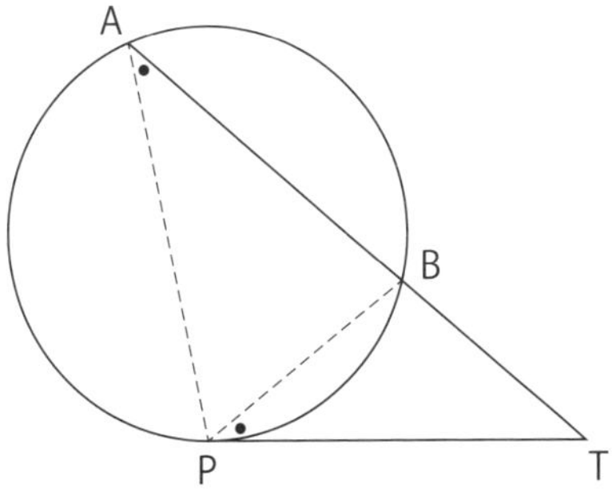

PT為切線，P為切點。

中點定理

分別在三角形ABC的2個邊*AB*、*AC*上取中點並連線，該線會與第3邊*BC*平行，且長度是*BC*的2分之1。這就是中點定理。

M為AB的中點，N為AC的中點。

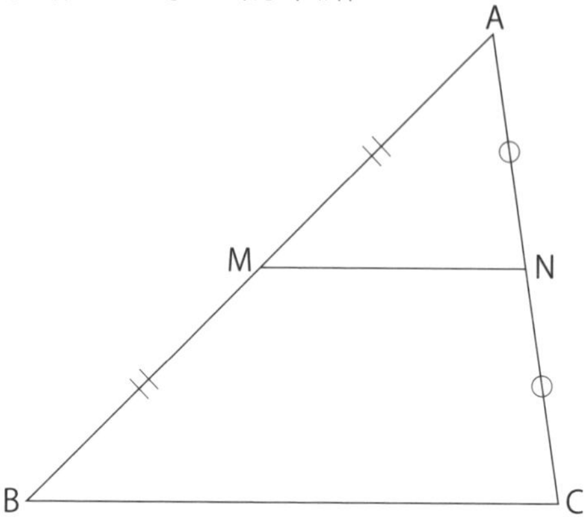

證明中點定理

設△ABC的邊AB、AC的中點分別為M、N。

- 延長MN至點D，使MN＝ND。
  △AMN≡△CND（2邊夾1角），故
  AM＝CD且AM // CD
  MB＝CD且MB // CD

在四邊形MBCD中，
其中1組對邊平行且長度相等，
符合平行四邊形的條件，
故四邊形MBCD為平行四邊形。
又因MN＝ND，
$\frac{1}{2}$ BC＝MN，
故BC // MN。

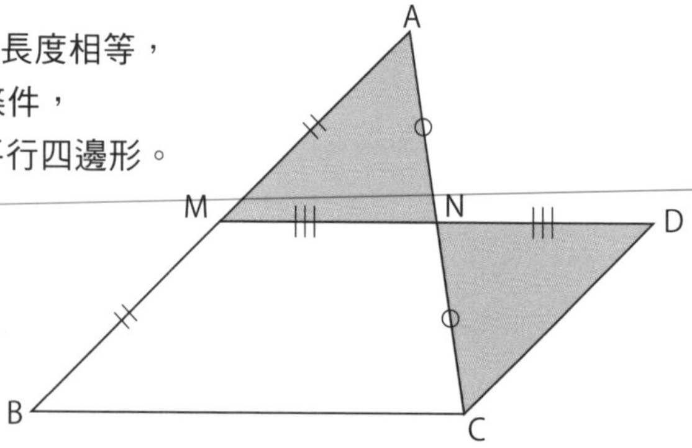

西姆松定理

有一個三角形ABC，以及位於其外接圓上的任意一點P。從P點做垂直線到*AC*、*BC*、*AB*上，分別交於點D、E、F，則3個點D、E、F會位在同一條直線上。這條直線就稱為西姆松線。

長期以來，人們都認為這個西姆松定理是由西姆松（Robert Simson）發現的，後來才知道，最初的發現者其實是華勒斯（William Wallace）。

雖然也有少數人把西姆松線改稱為華勒斯線，不過一般還是習慣以西姆松線稱之。

英國數學家西姆松是格拉斯哥大學的教授，著名事蹟之一是將歐幾里得的《幾何原本》翻譯為英文。

證明西姆松定理

西姆松定理可以用下圖來表示。

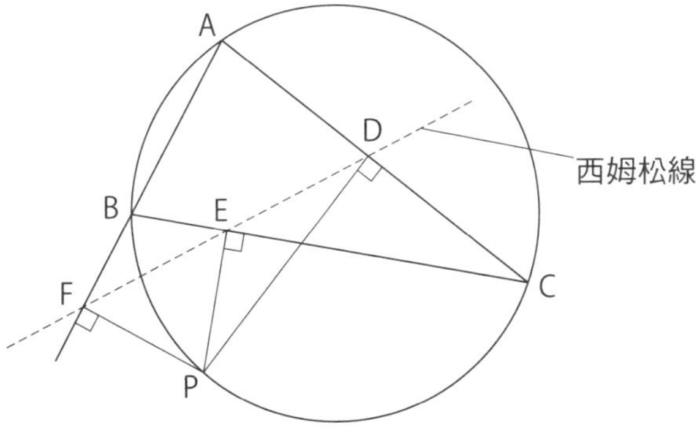

像這樣充分理解文字的敘述，並正確轉換為圖，是一種可以提高理論思考能力的練習。
請各位務必挑戰看看。

數學小故事4

「計算符號」究竟是如何誕生的？

雖然我們已經習以為常，但在計算符號發明之前，一切算式都只能用文字敘述的方法記錄下來，非常辛苦。

那麼，計算符號究竟是在何時、由誰想到的呢？

在所有學問中，數學擁有最古老的4000年歷史，然而，計算符號卻是到了15世紀～17世紀才出現，至今僅僅500年而已。

而計算符號的發明之所以集中在這個時期，也是有原因的。15世紀開始，歐洲迎向了大航海時代。

1492年，哥倫布發現美洲新大陸。

1498年，瓦斯科・達伽瑪（Vasco da Gama）發現東印度航線，新大陸的發現和歐亞的交易活動益發興盛。既然貿易活躍，漫漫航程中的安全就更受重視，使得天文學隨之興起。

天文學要能正確掌握星星和月亮的位置，因此需要複雜的計算過程。

於是，專門負責計算的計算師便應運而生。計算師為了盡可能正確、迅速地

習以為常的計算符號，要是沒了它們簡直不敢想像！

處理數字，才開始使用各種計算符號。

如今，多數人都知道大航海時代在歷史上為人類帶來的貢獻，卻沒什麼人知道於此同時也誕生了計算符號如此重要的發明。

如果計算符號不存在，會是什麼樣子呢？

「1＋1＝2」這樣的算式，就必須用「1加上1的數字為2」的方式記錄才行，很麻煩吧。比起用語言文字敘述，數學還是用符號寫成表達式，會方便得多。可說是多虧了計算符號的發明，科學技術才得以進步至此，締造豐富成熟的社會吧！

【計算符號的發明】

＋、－	約1480年	已存在
√	約1489年	德國人
（　）	約1556年	義大利人
＝	約1560年	英國人
×	約1630年	英國人
÷	約1660年	德國人
π	約1705年	英國人等

想想看，空格裡該填入什麼符號呢？

（1）18（　）5＝30（　）7

（2）6（　）3＝10（　）8

（3）42（　）7＝ 2（　）3

答案

（1）＋　－　（2）×　＋　（3）÷　×

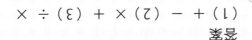

數學家
Column 4

萊昂哈德・歐拉

（1707年～1783年）

第一位將π這個符號當做圓周率使用的，是萊昂哈德・歐拉（Leonhard Euler）。

「3.141592653……我們將這串數字，以π代為記錄。π就是半徑為1的180°的弧長。」

他如此提及。

此外，整數論、拓撲學、特殊函數和數值分析等廣泛的數學領域中，他也留下了諸多建樹。

歐拉的父親是一名牧師，也在知名數學家的門下學習。

他的父親原本希望歐拉可以繼承家業，成為牧師。然而某日開始，他向歐拉教授一些自己學到的簡單數學知識。父親的舉動，開啟了歐拉通往數學之路的大門。

大學時期，歐拉修習了神學與數學，但父親欲勸說他放棄數學、成為牧師。而指導歐拉數學的教授則鼓勵他繼續深造數學。歐拉的父親雖然不情願，終究還是被說服了。

選擇了數學之路的歐拉，最後在數學世界留下了偉大的成就，成為18世紀最具代表性的數學家之一。

第4章

知道後會很有益的數學定理

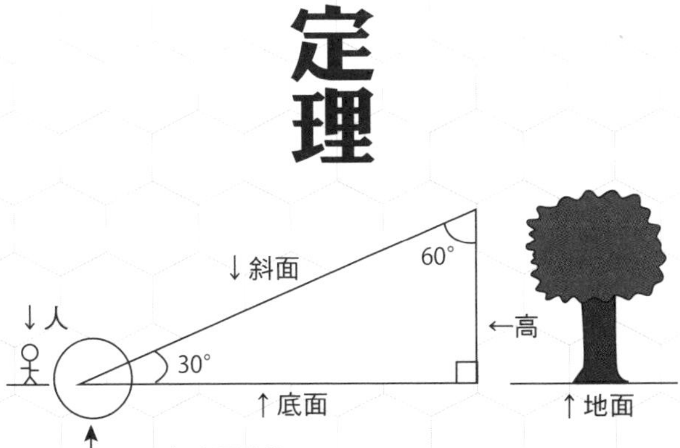

認識基礎的二項式定理

當n為正整數時，

$(a+b)^n={}_nC_0a^n+{}_nC_1a^{n-1}b+{}_nC_2a^{n-2}b^2$……

$+{}_nC_ra^{n-r}b^r+{}_nC_nb^n$

的等式成立，這就是「二項式定理」。

${}_nC_r$的C，指的是*Combination*（組合）。${}_nC_r$也稱為二項式係數。

從二項式定理中，可以導出各種等式。此外，將二項式係數的係數一一列出，可以排成三角形的數列表，這就是巴斯卡三角形。

巴斯卡三角形在義大利也稱為塔爾塔利亞（Tartaglia，發現3次方程式解法的人）三角形。中國則是在公元1300年左右發現的。

巴斯卡（Blaise Pascal）以數學歸納法，證明了第m行的數字和為2^{m-1}。

更有趣的是，如果把三角形的數字斜向相加，就會得到費氏數列。

費氏數列是1、1、2、3、5、8、13、21、34、55、89、144、233，前兩個數字的和就是下一個數字，是一種具有規律性的數列。

天文學自古以來就與生活有著密切關係，例如觀星航海等。而第一位確立了天文學屬於科學領域的人，是古希臘的阿里斯塔克斯（Aristarchus）。他也是主張日心說的先驅。

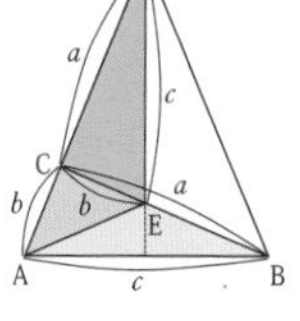

二項式定理

$$(a+b)^n = {}_nC_0a^n + {}_nC_1a^{n-1}b + {}_nC_2a^{n-2}b^2 \cdots\cdots$$
$$+ {}_nC_ra^{n-r}b^r + \cdots + {}_nC_{n-1}ab^{n-1} + {}_nC_nb^n$$

↓

求出 $(a+b)^n$ 展開式的係數並排列如下

n＝0→1

n＝1→1　1

n＝2→1　2　1

n＝3→1　3　3　1

n＝4→1　4　6　4　1

n＝5→1　5　10　10　5　1

n＝6→1　6　15　20　15　6　1

這就是**巴斯卡三角形**

巴斯卡是法國的天才數學家。他的父親在盧昂擔任當地的稅務官，為了減輕父親複雜的計算工作，他發明了一種計算器。「人是會思考的蘆葦」就是巴斯卡留下的名言。

二項式定理的小補充

根據一個簡單的規則，就可以做出巴斯卡三角形。首先在最上面放上1，接著往下每一行的數字，都是該位置左上和右上的數字的和。舉例來說，第5行左邊數來第2個數字，是左上1和右上3相加的和，也就是4。按照這樣的規律，一一填上數字即可。

費氏數列擁有不可思議的力量

在巴斯卡三角形（62頁）中提過的費氏數列，出自別名「比薩的李奧納多」的費波那契的著作《計算之書》中的「兔子問題」。

「每個月會有1對兔子生下1對小兔子，生下來的1對小兔子，到了下下個月會開始生下新1對的小兔子。那麼從1對兔子開始，到了1年後，總計會有幾對兔子呢？」這就是兔子問題。

1、1、2、3、5、8、13、21、34、55、89、144、233……

數字會像這樣增加下去。這個數列具有下列規律：

$$a_1=1, a_2=1, a_n=a_{n-2}+a_{n-1} \ (n \geqq 3)$$

在其他生物的現象中，也可以發現費氏數列的存在。例如花瓣數量、草和葉子的生長方式等。大波斯菊的花瓣有8片、瑪格麗特花有21片、向日葵有34片。

此外有趣的是，若將費氏數列其中2項的比值取至無限大，則該數值會逐漸收斂為黃金比例。黃金比例的歷史，可以追溯到古希臘時代畢達哥拉斯學派的正五邊形研究。

「托勒密定理」的數學家托勒密原本是天文學家，在其著作《天文學大成》中記載了48個星座，命名發想來自羅馬神話。這些星座也稱為「托勒密星座」。

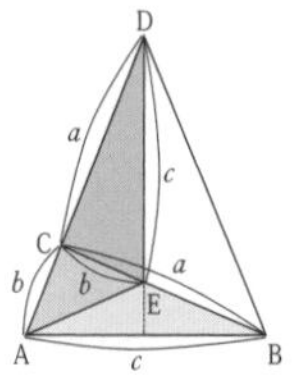

兔子問題

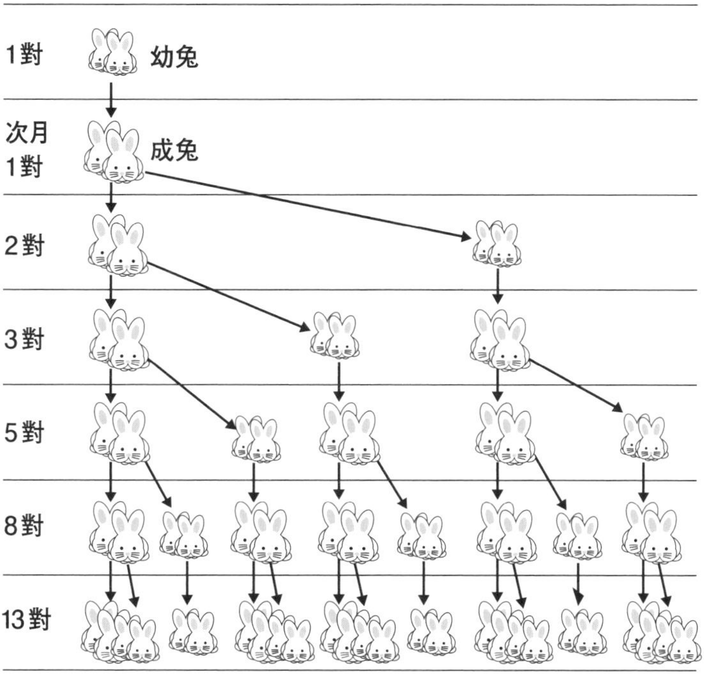

初項為1，第2項也是1，兩項相加之和即為下一項。按此規則逐一列下去，便會得到
1、1、2、3、5、8、13、21、34、55、89、144、233……
的數列。

費氏數列的小補充

類似的數列還有「泰波那契數列（Tribonacci Number）」。費氏數列是「前2項的和」，而泰波那契數列則是「前3項的和」。前面的幾項為：0、0、1、1、2、4、7、13、24、44、81、149、274、504、927、1705、3136、5768、10609、19513、35890、66012……。

費氏數列會逐漸趨近於黃金比例

上一節已提過，費氏數列相鄰2項的比值，最後會趨近黃金比例。那麼，黃金比例又是什麼呢？

黃金比例被譽為是「宇宙中最美的數值」。小至一張名片，大至行星的軌道，都和黃金比例有關。甚至連我們的身體，據說也遵循著黃金比例。具體來說，黃金比例就是：

線段AB中有一點C，使AB：AC＝AC：BC

$AC^2 = BC \cdot AB$，這個由C點分割出來的比例，就是黃金比例。

可以表達為$AC:BC = \frac{1+\sqrt{5}}{2}:1 \fallingdotseq 1.62:1$。

「黃金比例」的概念，據說誕生於公元前4世紀的古希臘，由李奧納多·達文西命名。

自古以來，在美術、建築和工藝的世界中，黃金比例就被視為塑造協調造型美的基礎。除了米洛的維納斯雕像、巴黎的凱旋門和帕德嫩神廟外，紐約的聯合國總部大樓及金字塔等，都是符合黃金比例的知名實例。

「0」誕生於5世紀時的印度，在12世紀由義大利數學家費波那契傳到阿拉伯。「0」的意思是「無」，而「zero」的讀音則來自義大利語。

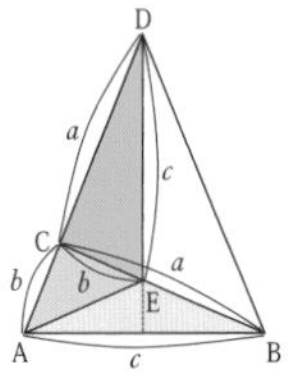

黃金比例

取費氏數列相鄰兩項的比值，
將無限趨近於黃金比例

$\frac{1}{1}=1$、$\frac{2}{1}=2$、$\frac{3}{2}=1.5$、$\frac{5}{3}=1.66$……

$\frac{8}{5}=1.6$、$\frac{13}{8}=1.625$、$\frac{21}{13}=1.61538$……

$\frac{34}{21}=1.61904$……、$\frac{55}{34}=1.61764$……

$$\frac{1+\sqrt{5}}{2} \fallingdotseq \mathbf{1.618034}\cdots\cdots$$

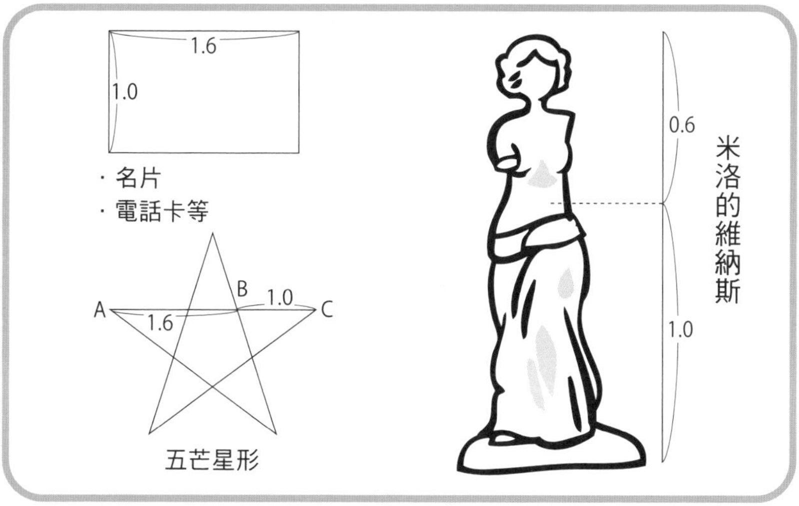

·名片
·電話卡等

五芒星形

米洛的維納斯雕像小補充

米洛的維納斯（Vénus de Milo），是希臘神話中的女神阿芙蘿黛蒂的雕像。高203cm。發現時還包括一個刻有碑文的石座，但進入羅浮宮時已遺失。關於雕像的作者，一般認為是公元前130年左右的雕刻家亞歷山德羅斯（Alexandros of Antioch）。

認識基礎的餘式定理和因式定理

「多項式$f(x)$除以$(x-a)$時，餘式等於$f(a)$」，這就是餘式定理。

舉例來說，

$f(x)=x^3+x^2-4x+1$除以$(x-2)$時，餘式為

$f(2)=2^3+2^2-4\times2+1=5$。

詳細請見左頁的計算過程。

此外，對x的多項式$f(x)$來說，當$f(a)=0$時，$f(x)$可以被$(x-a)$整除。這個特性稱為因式定理。

這個定理相當好用，可以進一步表達為

「若多項式$f(x)$可以被$(ax-b)$整除，則表示$f\left(\frac{b}{a}\right)=0$」。

例如267÷13的算式，答案是20餘7。如果表達為$13\times20+7=267$，就很容易理解了吧！這就是餘式定理的基礎。

希波克拉底是古希臘時代的醫生，被尊稱為醫學之父。「希波克拉底誓詞」描述了醫生應當遵守的職業倫理，是作為醫生模範的最高準則。

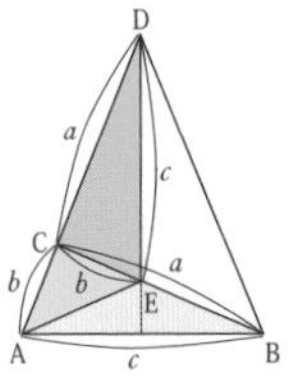

餘式定理

「多項式 f (x) 除以 (x－a) 的餘式等於 f (a)」

$f(x) = x^3 + x^2 - 4x + 1$ 除以 $(x - 2)$

$$
\begin{array}{r}
x^2 + 3x + 2 \\
x - 2 \;\overline{)\; x^3 + x^2 - 4x + 1} \\
x^3 - 2x^2 \qquad\quad \\
3x^2 - 4x + 1 \\
3x^2 - 6x \qquad \\
\hline
2x + 1 \\
2x - 4 \\
\hline
5
\end{array}
$$

餘數為5，故正確

因式定理

f (a) =0時，f (x) 可以被 (x－a) 整除

$x^2 + 3x - 10$ 除以 $(x - 2)$

$$
\begin{array}{r}
x + 5 \\
x - 2 \;\overline{)\; x^2 + 3x - 10} \\
x^2 - 2x \qquad \\
\hline
5x - 10 \\
5x - 10 \\
\hline
0
\end{array}
$$

最後為整除，故正確

因式定理的小補充

因式定理就是不需經過實際的除法計算，只要觀察餘式，就能知道是否整除的定理。利用因式定理，可以簡單解決三次多項式的因式分解等問題。

知道後會很有益的數學定理

擁有奇妙涵義的質數的基本定理

質數，就是比1大的自然數中，除了1和該數本身以外，沒有其他因數的數。1通常不算質數。舉例如2、3、5、7、11、13、17、19……等。

質數是以什麼樣的規律分布在自然數中，至今已有許多數學家投入研究，但尚未得到結論。公元前300年左右，歐幾里得已在其著作《幾何原本》中，證明質數有無限多個。將這個定理進一步精確化後，就是狄利克雷定理。

質數a,n,p為自然數時，則在等差數列

$$a,a+n,a+2n,a+3n\cdots\cdots a+pn$$

之中，有無限多個質數存在。這就是狄利克雷定理。

狄利克雷（Dirichlet）在證明這個定理的過程中，很大程度借助了歐拉對無限多質數的證明。在質數這個領域，還有很多未竟的課題可以研究。

主張「萬物皆數」的希臘時代數學家畢達哥拉斯，以其提出的畢達哥拉斯定理為人所知。他同時是知名的哲學家，不過很少人知道，他其實也是第一個被冠上「哲學家」稱號的人。

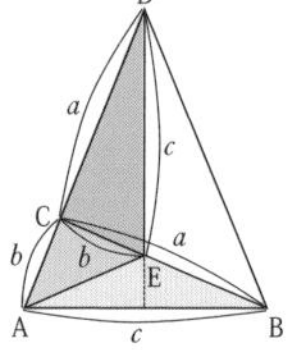

質數

2、3、5、7、11、13、17、19⋯⋯
像這些除了1和該數本身以外，
沒有其他因數的自然數，就是質數
（偶數中只有2是質數）

質數以外的所有自然數，都可以表示為質數的乘積
將自然數分解為質數的乘積，
就是質因數分解

6=2×3
10=2×5
} 稱為合數
（不是質數的正整數）

「質數有無限多個」
（歐幾里得《幾何原本》）

↓ 精確化

狄利克雷定理
Ⅱ
算術級數定理

質數的小補充

100以下的質數有25個，由小至大排列如下：2、3、5、7、11、13、17、19、23、29、31、37、41、43、47、53、59、61、67、71、73、79、83、89、97。
而1000以下的質數，包括100以下的質數在內，共有168個。即101、103、107、109、113、127、131、137、139⋯⋯等。

認識基礎的三角形五心定理

三角形有內心、外心、重心、垂心、旁心，共5個中心。

①內心定理……三角形的3條內角平分線相交於1點。

②外心定理……三角形3邊的中垂線相交於1點。

③重心定理……三角形的3條中線（頂點與三個邊的中點連線）相交於1點。

④垂心定理……從三角形的各頂點引至對邊的垂線相交於1點。

⑤旁心定理……三角形其中1個內角的平分線，和其餘兩角的外角平分線相交於1點，旁心共有3個。

另外，外心、重心、垂心位於同1條直線上（歐拉線）。

這三個定理，可以用前面提過的「西瓦定理（49頁）」來證明。

請各位讀者挑戰看看吧！

自古以來，數學家就已經知道三角形五心的存在，歐幾里得的《幾何原本》中也有相關記載（參照18頁）。

①內心、②外心、③重心，這三個定理在高中入學考試中經常出現。不妨試著一邊在紙上畫出三角形，一邊研究三角形的五心，就能自然地理解並記下來了。

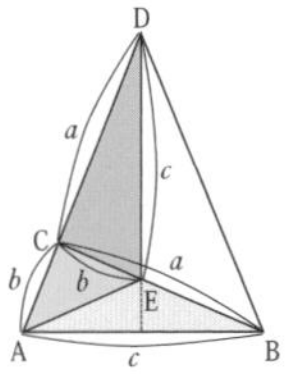

三角形的五心定理

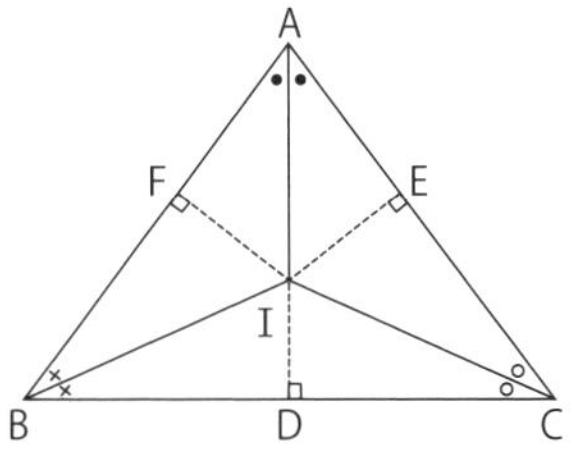

〈圖1〉

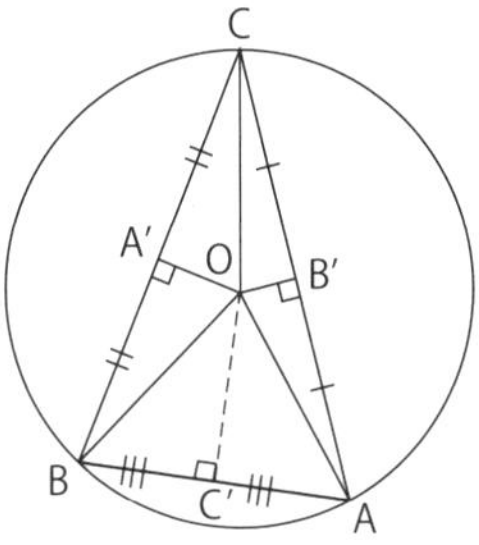

〈圖2〉

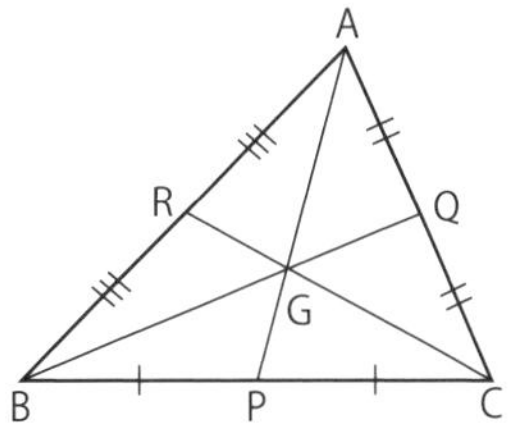

〈圖3〉

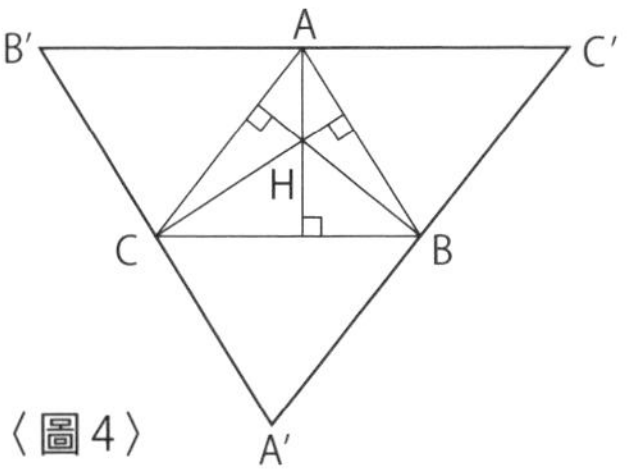

〈圖4〉

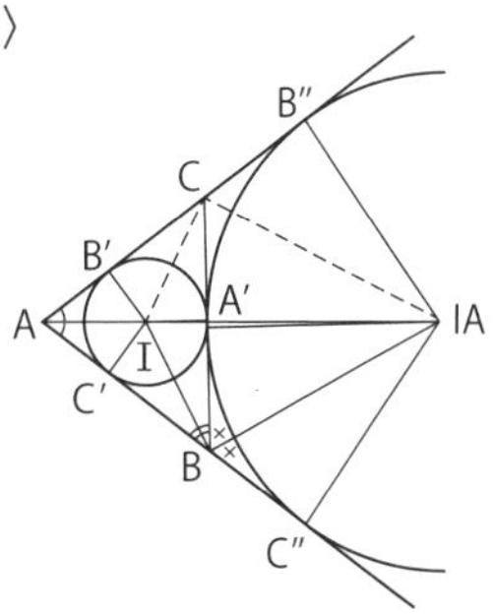

〈圖5〉

圖1　內心定理

中心Ｉ就是內心。

圖2　外心定理

△ABC三邊的中垂線相交於O點，可以畫出以O為圓心、與3個頂點相接的圓（外接圓）。

圖3　重心定理

G點將中線BQ、AP、CR各自分割為2：1的長度。

圖4　垂心定理

△ABC的各頂點引至對邊的垂線，相交於H點。

△ABC的垂心H，就是△A′B′C′的外心。

圖5　旁心定理

△ABC的3條內角平分線相交於1點（Ｉ），以Ｉ為中心，可以畫一個與3個邊相切的圓（內切圓）。而另外2個頂點的外角平分線也會相交於1點（ＩA）（旁心定理），以這個點為中心，可以各自畫出與3邊相切的圓（旁切圓）。旁心共有3個。

認識基礎的微積分學

由於計算上比較容易，高中數學會先學習微分，不過就歷史的發展看來，積分才是更早出現的，遠從古埃及時代就已經開始使用。

由於尼羅河頻頻氾濫，人類的丈量技術與時俱進，而計算複雜地形的面積，就是積分概念的源頭。

(1)對於函數$f(x)$來說，滿足$F'(x)=f(x)$的函數$F(x)$，稱為$f(x)$的反導函數（或稱原函數）。此外

$f(x)$的任意反導函數，可表示為

$F(x)+C$，寫做$\int f(x)dx$。

(2)函數$y=f(x)$的圖形與2條直線$x=a$、$x=b$和x軸所圍成的區域面積，

表示為$\int_a^b f(x)$。

讀做「函數$f(x)$從a到b的定積分」。綜上所述，微積分學的基本定理為：

$\int_a^b f(x)dx=F(b)-F(a)$。

※110頁也有微積分相關的說明。

說到音樂界的天才家族，經常會提到巴哈一家。數學界也有同樣的天才家族，就是伯努利（Bernoulli）家族，3代人共出了8位數學家。

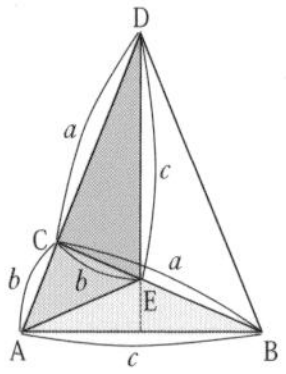

微積分學的基本定理

$$\int_a^b f(x)\,dx = F(b) - F(a)$$

微分	積分
求曲線的切線變化率	求複雜圖形的面積
↓	↓
計算相對簡單	計算困難

比較微分與積分的誕生史

17世紀時由

牛頓和**萊布尼茲**所發明

・是誰先發明的？牛頓先發明的說法較為有力。

・萊布尼茲對於構思符號很有興趣，他想出了積分符號「∫（Integral）」。

↓

如此一來，微積分便更容易理解了。

古埃及時代

・埃及「尼羅河」的氾濫

↓

土地丈量、幾何學的發達

↓

阿基米德的「窮盡法」成為積分的基礎

↓

將圖形細分思考

↓

圓 ➡ 圓周率

高中的數學課會教到「微積分」。實際在日常生活中，「微積分」也能應用在許多地方，是很重要的定理。

什麼是阿基米德的「窮盡法」？

構思出積分的最初目的，就是為了正確丈量農地面積，盡可能公平地分配土地。**古埃及人會將廣闊的土地分割成三角形或四方形，分別測量後再合計，算出形狀複雜的土地面積。這樣的方法稱為「窮盡法」**。

在當時，圓被譽為是神所創造的完全圖形，充滿神祕性與美。無論半徑多長，圓的形狀永遠相同。無論大小為何，每個圓的直徑與周長的比值也總是一致。而這個比值，就是以π為代號的圓周率。

阿基米德利用窮盡法，嘗試計算圓周率的數值。做法是從圓內接和外切的正多邊形中，推算圓的面積。從六邊形開始逐漸增加邊數，到正十二邊形、正二十四邊形、正九十六邊形，並進行計算。

最後，他得到$3\frac{10}{71}<\pi<3\frac{1}{7}$的不等式。將分數轉換為小數，就是$3.1408\cdots\cdots<\pi<3.1428\cdots\cdots$。阿基米德利用這樣的窮盡法，將$\pi$值正確推算到小數點後兩位的3.14。

中國自古以來，就認為9是「帝王之數」。據說是因為9這個數字，是0～9的基數中最大的數字。

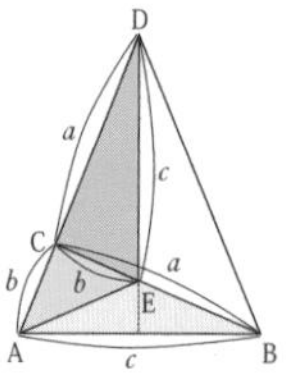

窮盡法的思路

從內接多邊形來推想

（半徑為1的圓）

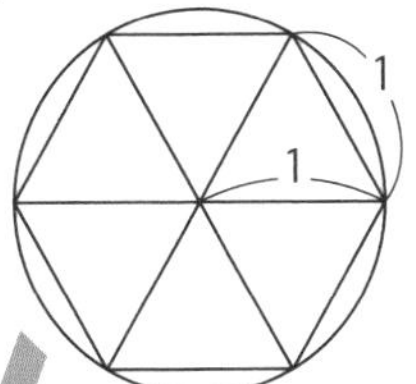

增加邊數

內接正六邊形
＜周長＞
1×6

從外切多邊形來推想

（半徑為1的圓）

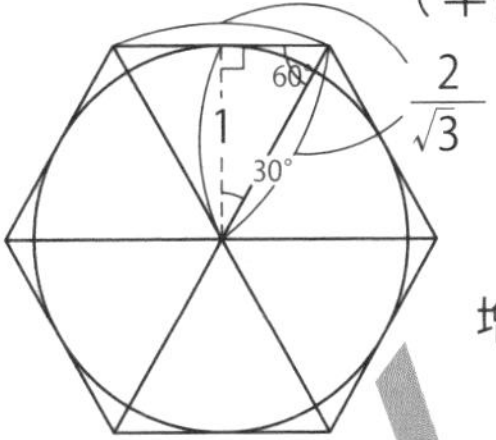

增加邊數

外切正六邊形
＜周長＞
$\frac{2}{\sqrt{3}}\times 6$

從內接多邊形	從外切多邊形
正十二邊形	正十二邊形
↓	↓
正二十四邊形	正二十四邊形
↓	↓
正四十八邊形	正四十八邊形
↓	↓
正九十六邊形	正九十六邊形

$$\frac{223}{71} < \pi < \frac{22}{7}$$

$\frac{223}{71} < \pi < \frac{22}{7}$ 轉換成小數

↓

3.1408……< π <3.1428……

↓

可推知 π 的值約為3.14

認識基礎的皮克定理

人類之所以會開始研究面積，源於古埃及需要公平分配土地面積的需求。

面積單位的發明，則始於農耕工作。日本自古就以「代」作為田地的測量單位；而德國以一頭牛在中午前能耕作的面積作為基準，將之定義為1 morgen。

為了知道從多大的土地可以收成多少作物，計算面積自然就成為重要的課題。土地的形狀不見得都是正方形或三角形，碰上邊緣彎彎曲曲的不規則形狀時，該如何計算面積呢？

此時，方格紙就會派上用場了。

這是一種將複雜不規則形的土地，縮小畫在方格紙上，再求面積的做法。

計算曲線內完整方格的數量，以及邊緣不完整方格的數量後，進行下列計算。

$$面積＝（形狀內部的格點數）＋\frac{（邊上的格點數）}{2}-1$$

這就是「皮克定理」。

數學豆知識

很多人都知道，機率論誕生的起源，是為了在擲骰子的賭博遊戲中取勝。在古埃及的遺跡中，也發現了很多骰子。

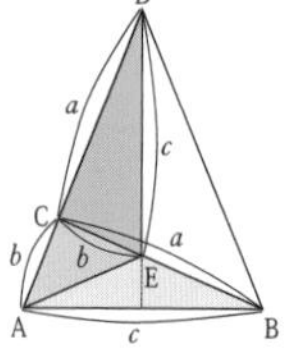

皮克定理的思路

利用方格紙，求出曲線環繞的不規則圖形面積

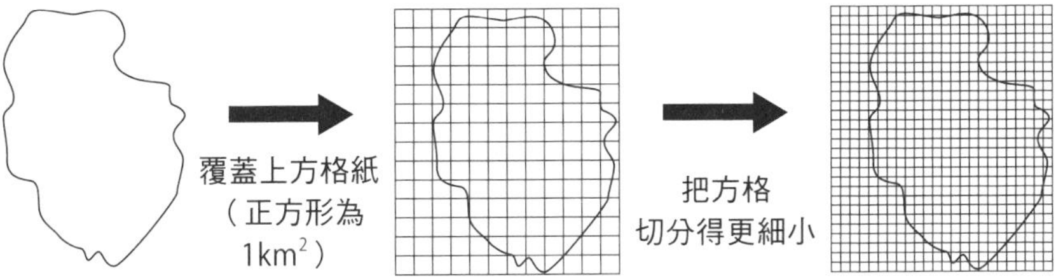

- 計算完整的方格數量
- 計算不完整的方格數量

不完整的方格，就是□看起來像◩或◪，視為半格

完整的方格有78個，不完整的方格有46個

則

$$78+\frac{46}{2}-1=78+23-1=100$$

面積為 $100km^2$

根據以上做法，換做直線圖形時，

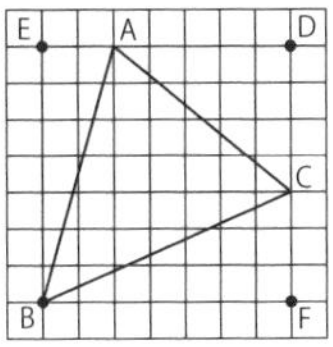

三角形ABC的面積就是：

$$面積=(形狀內部的格點數)+\frac{(邊上的格點數)}{2}-1$$

內部的格點數＝21個

三角形邊上的

格點數＝3個（只有頂點）

$$21+\frac{3}{2}-1$$

$$=21.5$$

以一般的方法

計算三角形ABC的面積

四邊形DFBE－(△AEB＋△BCF＋△ADC)＝7×7－

$$\left(\frac{7\times2}{2}+\frac{7\times3}{2}+\frac{5\times4}{2}\right)$$

$$=21.5$$

答案相同

認識基礎的阿貝爾定理

經證明，五次及五次以上的多項方程式，不存在解法。這裡指的並非完全無解，而是不存在使用加減乘除或開根號的公式解。

一般來說，我們要證明某事物存在很簡單，但要證明其不存在，就難多了。由於無法靠不斷試錯來找出答案，真的非常棘手。

完成這個證明的，是挪威數學家阿貝爾（Abel），當時他才21歲。而法國數學家伽羅瓦（Galois）則將這項證明進一步精簡化，研究方程式為何存在或不存在公式解。

伽羅瓦從方程式的求根公式中，以他獨有的方法構思出伽羅瓦理論。他發現在一般的五次方程式中，無法找到公式解。

最後，他成功用更高的觀點統整阿貝爾的證明，從而建構出伽羅瓦理論。

以棣美弗公式聞名的法國數學家棣美弗（Abraham de Moivre），患有一種「睡眠時間會愈來愈長」的怪病。他的睡眠時間逐漸延長至22、23小時，最後甚至睡超過24小時也不會醒來。

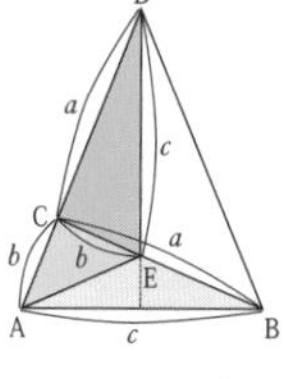

阿貝爾定理

$$f(x) = a_n x^n + a_{n-1} x^{n-1} + \cdots\cdots a_1 x + a_0$$

將上述n次多項式，想成f (x)=0的代數方程式
當n＝1、2、3、4時，皆有公式解
即由方程式的係數a_n……、a_0經過加減乘除或開根號的公式，無論係數的值為何，只要將該值代入公式中，就能得到方程式的解

↓ 然而

阿貝爾證明了
「當n≧5時，公式解就不存在」

- **一次方程式、二次方程式的解法，自古以來就有。**
- **三次方程式、四次方程式，已分別由卡爾達諾（Cardano）和費拉里（Ferrari）發現解法。**
- **五次方程式的解法，過去認為遲早會出現，但最終被證明解法並不存在→伽羅瓦理論。**

被稱為數學史上最驚人的事件

伽羅瓦理論的小補充

在可以用加減乘除運算的數的範疇內，以代數方程式為考察對象。代數方程式是否能「以代數的方式求解」？伽羅瓦說明了，四次以下的代數方程式求公式解是可能的，並用比阿貝爾更詳細的方式，論述了五次以上方程式不存在公式解的原因。這就是「伽羅瓦理論」。

數學小故事 5

「提洛斯島的問題」究竟是什麼？

時間追溯到公元前，古希臘的提洛斯島瘟疫肆虐，奪走了許多人的性命。島上居民向提洛斯島的守護神阿波羅祈求幫助，獲得神諭：「將立方體祭壇改建為原本的2倍大。」居民建了一座邊長為原本2倍長的祭壇，但瘟疫卻沒有停止的跡象。

這也是理所當然的，因為邊長變成2倍，體積並不是2倍，而是變成8倍大了。

無助的人們，找上當時知名的數學家柏拉圖。柏拉圖告訴他們，只要將邊長改成$\sqrt[3]{2}=1.2599$，也就是原本邊長的1．26倍左右，這樣的立方體體積就會是原本的2倍了。

這個傳說中的故事，是古希臘的三大難題之一，長久以來流傳至今，始終無解。

設立方體的邊長為a，體積為a^3，2倍的體積即為$2a^3$。設大立方體的邊長為x，則$x^3=2a^3$。題目的要求便是，只靠尺規作圖的方式，是否可能畫出立方根的

解？這個問題稱為倍立方問題，在2000年以上的漫長時光中，困擾著許多數學家。

由於尺規作圖只能求到平方根，因此在19世紀，數學家們對這個問題做出「不可能」的結論。

三大難題的另外兩個問題，同樣不可能用尺規作圖完成。以下列出三大難題，供各位讀者參考（只能用尺與圓規作圖）。

①將立方體的體積擴大為原本的2倍（倍立方問題）。

②將任意給定的角分為3等分（三等分任意角問題）。

③畫出一個面積等於給定圓的正方形（化圓為方問題）。

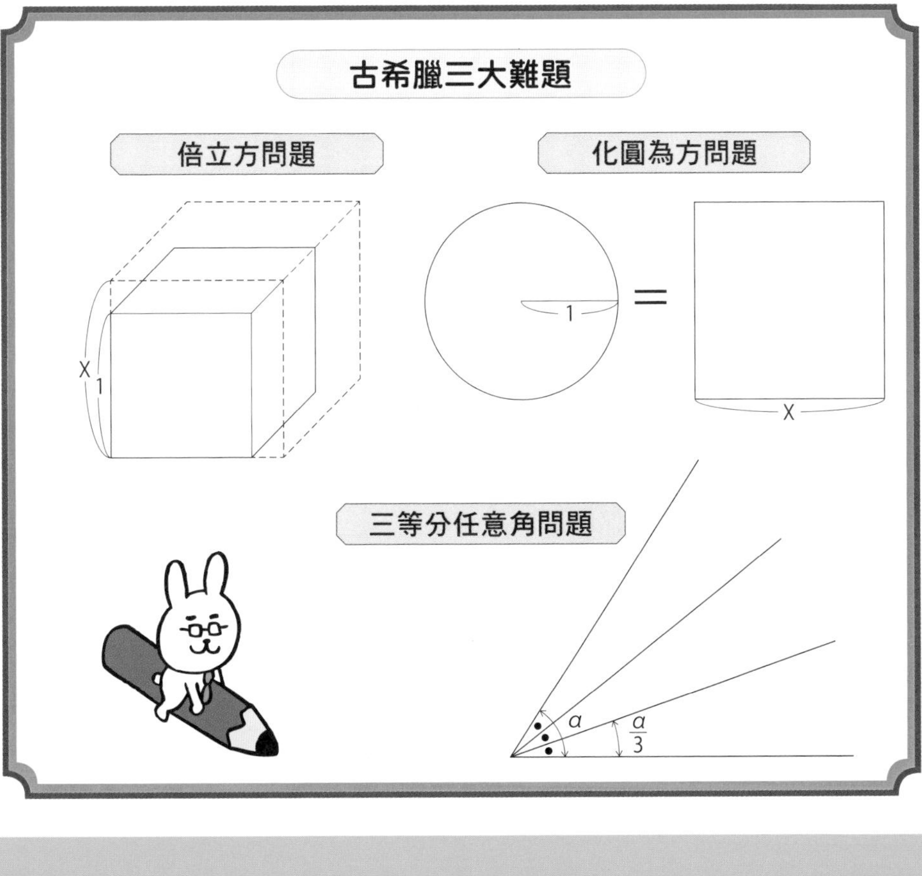

數學家
Column 5

費波那契

（約1174年～1250年）

費波那契（Leonardo Fibonacci）的父親是貿易商波那契，費波那契的意思就是「波那契之子」。父親波那契在義大利從事貿易，當時的義大利相當繁榮，因此波那契的事業也很成功。

青年時期的費波那契，曾在北非貝賈亞學習數學，後來則開始協助父親的事業。

因為貿易工作而遊歷各地時，費波那契仍儘量利用閒暇時間，繼續研究數學。

其中，費波那契對阿拉伯的數學格外有興趣。

他在《計算之書（Liber Abaci）》中寫道「印度的數字由1、2、3、4、5、6、7、8、9構成，再加上阿拉伯人稱為sifr的符號0，就可以用來表達任何的數字」。

sifr的意思為「空」，後來演變為義大利語的Zero。

他的著作在歐洲出版，印度—阿拉伯記數法也因此廣為流傳。

此外，費波那契在數學領域也有其他新發現，但直到他逝世200～300年後才受到認可。

第5章

活用數學定理解決問題

用畢達哥拉斯定理解決問題①

公園裡有一座半徑20m的池塘，池塘裡有一座小島，島上種了一棵松樹。

某天，1隻翅膀受傷流血的鳥停在松樹下休息，路過的一群學生看到了，便決定要把鳥從島上救出來，以便為牠處理傷口。

附近可取得的物品，只有2片長4.9m的厚木板，而池塘的半徑達20m，無法從池邊把木板架到小島上。

不過一陣子後，鳥還是順利被學生們救了出來。那麼，他們究竟是如何利用這2片木板的呢？即使是距離小島最近的池邊，也有5m遠，該如何解決這個難題？

休息一下

超有趣的數學小故事

天才也會掉進陷阱？

泰利斯透過提出「泰利斯定理」和證明圖形的特性，建立了幾何學的基礎，準確預測日食的事蹟也很有名。據說，泰利斯曾經因為太過沉醉於觀察天體的神祕，而不小心失足跌入井裡。一位目擊此景的色雷斯少女，忍不住笑著調侃：「雖然你了解困難的天體問題，卻看不到腳邊的東西呢！」

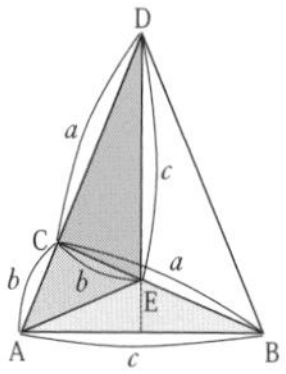

畢達哥拉斯定理

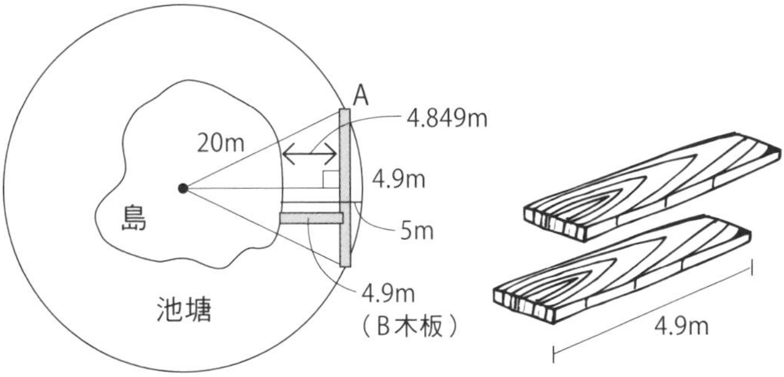

①將 1 片木板的兩端架在圓周上

②根據畢達哥拉斯定理，計算從木板中心到池塘中心的距離

$$\sqrt{\left\{20^2-\left(\frac{4.9}{2}\right)^2\right\}} \fallingdotseq 19.849\,(\mathrm{m})$$

③20－19.849＝0.151……從池塘中心到小島岸邊（A木板）的距離，就縮短了0.151m。

5－0.151＝4.849……離小島的距離變成4.849m，

因此就可以架上長4.9m的B木板了

（參照上圖）

用畢達哥拉斯定理解決問題②

將一張長24cm的紙如左圖般折起，這時BE的長度會是7cm。

那麼，這張紙的橫向長度是幾cm呢？

這個問題同樣可以用「畢達哥拉斯定理」解決。

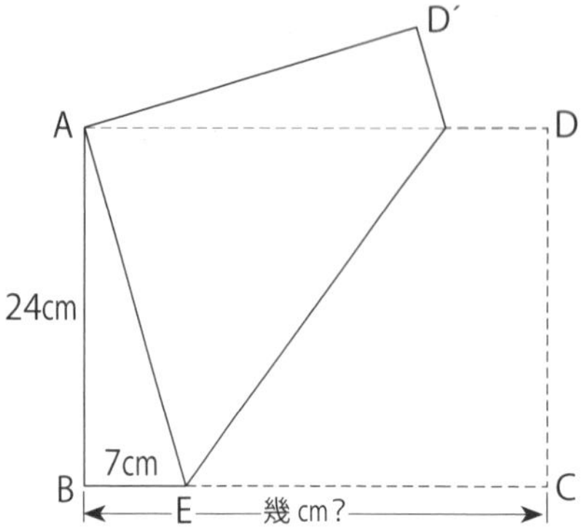

休息一下

超有趣的數學小故事

利樂包是萬用容器

用四面體的紙製容器包裝牛奶販售，像這種形狀的利樂包，現在已經愈來愈少見了。由於每一面都是三角形，在印刷排版上可以接連排列，減少裁切時的浪費。此外，利用四面體的形狀，組合好的容器可以毫無縫隙地堆疊起來，很方便搬運。日本從1956年開始將這種包裝廣泛使用在學校的營養午餐飲品，如今隨著時代演進已逐漸消失，著實令人感嘆。

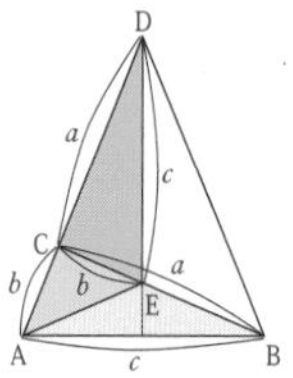

畢達哥拉斯定理

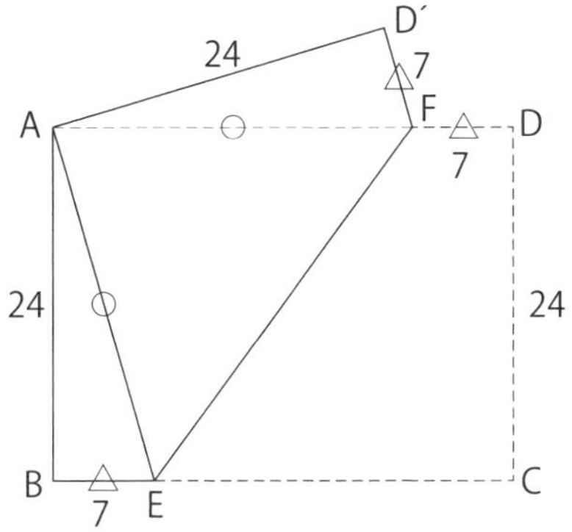

對於直角三角形

$a^2+b^2=c^2$（c為斜邊）的等式成立

以下就利用這個畢達哥拉斯定理來解題

設直角三角形ABE的AE為x

$x^2=24^2+7^2$

$x^2=576+49$

$x^2=625$

$x=25$

而EC＝AE，故EC長度為25cm

25＋7＝32

32cm

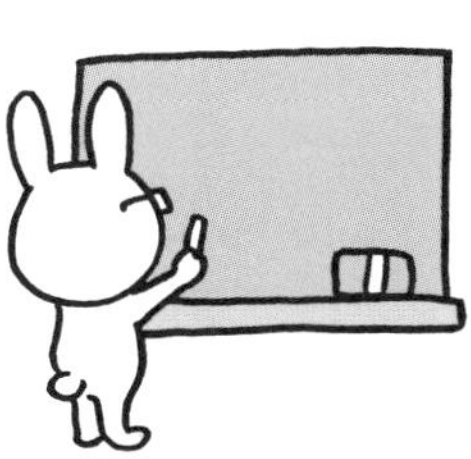

公元前6世紀的畢達哥拉斯認為，一切事物中都蘊含著數，宇宙萬物並非依循人類的主觀，而是依循數學法則運行，可以用數字和計算加以解析。

用多面體定理解決問題

由正五邊形和正六邊形構成的足球，屬於半正多面體的一種，是將正二十面體切去頂點後形成的。

將頂點截去，會變成五邊形和六邊形組合的多面體，也就是我們所知道的足球。那麼現在就來試著算算看足球的邊和頂點的數目吧！

首先，要先計算正二十面體A的邊與頂點，再計算多面體B的邊和頂點數目。

思考方式如下：

「B的面數＝（A的面數）＋（A的頂點數）」

「B的邊數＝（A的邊數）＋（A的頂點數）×5」「B的頂點數＝（A的頂點數）×5」。

休息一下

超有趣的數學小故事

很會躲貓貓的公式

發現正多面體定理「頂點數－邊數＋面數＝2」的人，是數學家歐拉。因此，這公式也被稱為「歐拉的多面體定理」。這個公式改變了數學界，也是開啟拓撲學的關鍵。雖然看起來是很簡單的定理，卻一直到18世紀才被發現，在這之前居然都沒有任何人想到，真是不可思議呢！

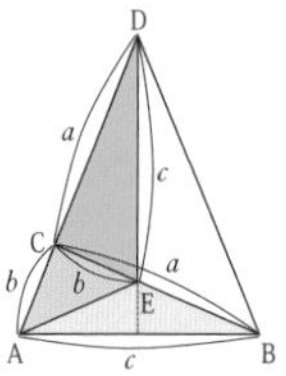

歐拉定理

A　　　　　　B

設多面體的面數為F，邊數為E，頂點數為V

$V-E+F=2$……歐拉的多面體定理成立

【題目】求出足球的面、邊和頂點的數目

設 { 正二十面體A的邊數…… E
　　　　　　　頂點數…… V

・每個邊都為2個面所共有，每個面都有3個邊

故　$20\times3=E\times2$　　$E=30$

・每個面都有3個頂點，每個頂點都為5個面所共有

故　$20\times3=V\times5$　　$V=12$

A的頂點有幾個，B就會多出幾個面

$20+12=32$ …………………… B的面數

B的邊數＝$30+12\times5=90$…… B的邊數

（A每切去1個頂點，就會多出5個邊）

B的頂點數＝$12\times5=60$ ……… B的頂點數

（B的正五邊形的數目，等於A的頂點數。而1個五邊形有5個頂點）

足球的面數為32，邊數為90，頂點數為60。

用圓周角定理解決問題

街道一隅，有一座綠意盎然的公園。除了附近的居民外，也有許多外地遊客搭公車或開車前來，是相當受歡迎的場所。

公園中央有一個接近圓形的池塘，池塘周圍以相等的間距種植了10棵樹木。某天，主管單位決定在池塘裡建造一座噴水池。

噴水池的地點預計要稍微偏離正中央。以樹木的編號來說，就是在CG連線和EI連線相交的位置。的確，這個位置比設在正中央更有變化，坐在池塘周圍的人，從不同角度觀賞都有不同樂趣，因此廣受好評。

那麼問題來了，CG連線和EI連線相交的角度，又是幾度呢？

休息一下

超有趣的數學小故事

數學的「猜想」與「定理」

在數學的領域，「猜想」就是預設結果為真，但尚未證明真偽的「命題」。當某個「猜想」被證明為真，就會成為「定理」。此外，定理也可被用來作為尚不知真偽的「命題」，即證明「猜想」的一部分。這樣的手法，經常用來將世上的「神祕事物」，透過蒐集各種證據逐一揭開面紗，最終成為「定論」。

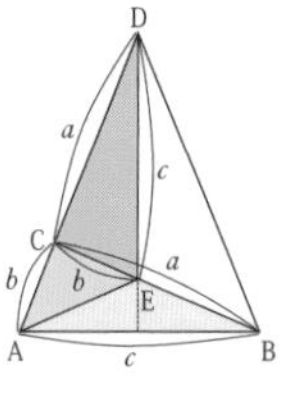

圓周角定理的應用

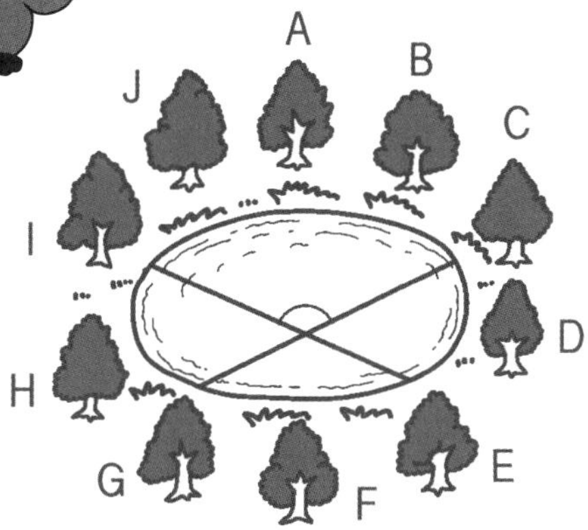

池塘周圍種了10棵樹，CG連線和EI連線相交的角度是幾度呢？

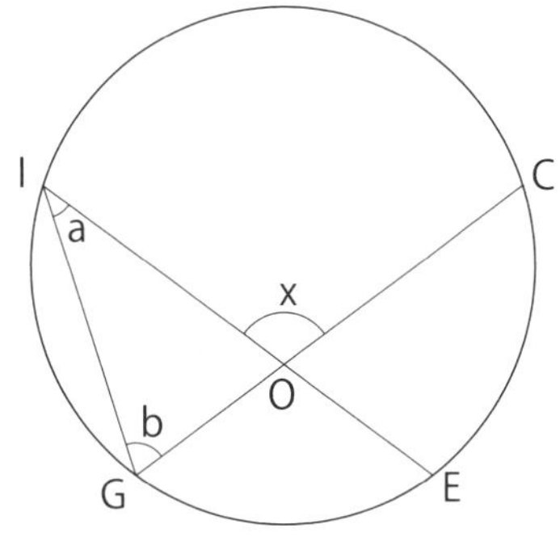

如右圖所示，直線CG和EI相交於O點。將IG連線，觀察△IGO，利用圓周角定理來解題。設I和G的內角角度為a和b，則a就是GE弧的圓周角。而GE弧的度數是圓周長的$\frac{2}{10}$，即$180^\circ \times \frac{2}{10} = 36^\circ$。同理，b是IC弧的圓周角，度數是圓周長的，即$180^\circ \times \frac{4}{10} = 72^\circ$。

由於三角形的內角和為180°，因此上述2個內角的和，會等於180°減去第3個內角，也就等於第3個內角的外角。

故對△IGO而言，

$a + b = x$，$x = 36^\circ + 72^\circ = 108^\circ$

x角的度數為108°

用獨立試驗的定理解決問題①

有一間國中，每天早上都會進行校園的打掃工作。

起因似乎是校長的一句「乾淨與清掃可以預防不良行為！」，每個班級每天要派出4名學生，輪流負責早上的打掃工作。

某天，2年B班要從6個男生和4個女生，共計10人之中，選出4個人去打掃。

由於到了月底，必須把所有紙箱和舊雜誌拿去回收，所以男生多一點會比較好。然而無論男女，大家都各有藉口，想推辭打掃工作，遲遲無法選出人選。最後，老師決定用抽籤的方式選出4個人。那麼，抽出3位以上男生的機率有多少呢？

休息一下

超有趣的數學小故事

72 法則與利息的關係

在經濟學的世界裡，有所謂的「72法則」。意思是用72除以利率，可以計算本金需要幾年會翻倍，是很好用的法則。算式是「72÷年利率＝年數」。舉例來說，以年利率18%借貸100萬。在完全不還款的情況下，72÷18（利率）＝4，即4年後本金會翻倍成200萬。反之，如果是持續進行年利率18%的投資，則4年後本金就會翻倍。

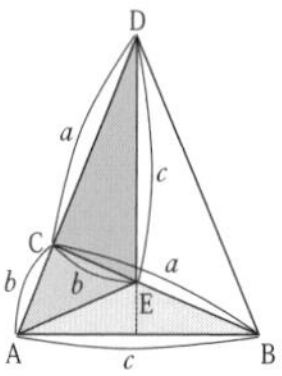

獨立試驗的定理

- 男生人數多一點比較好，故男生需要3人以上
- 首先，思考從10人中選出4人時的狀況

$$C^{10}_{4}=\frac{10\times9\times8\times7}{4\times3\times2\times1}=210$$

選出4人的狀況
有210種

- 接著，再想想男生3人以上時的狀況

① 男生3人時→女生1人

$C^{6}_{3}\times C^{4}_{1}=20\times4=80$……80種狀況

② 男生4人時→女生0人

$C^{6}_{4}=5$……5種狀況

①+②　$80+5=85$……85種狀況

$$\frac{85}{210}=\frac{17}{42}$$

選出3位以上男生的機率為$\frac{17}{42}$。

用獨立試驗的定理解決問題②

阿進正在準備大學入學考試，現在到了該決定最終志願學校的時候了。阿進每天都在煩惱該參加幾間大學的招生考試、該選擇哪間大學比較好，因此，明明已經是火燒屁股的時期了，卻始終無法集中精神準備。

第一志願的大學，合格機率約是$\frac{2}{3}$，所以他想再多選1間同等級的學校。想了老半天，終於把選項縮小到5間學校。然而阿進還是很焦慮，不知道這樣好嗎，真的沒問題嗎……這時他想到，可以來算算看合格率。算出機率後，心情應該就能比較篤定了，也可以集中精神好好念書。阿進算出來的合格率，究竟是多少呢？

休息一下

超有趣的數學小故事

4位數加法的計算方法

```
  3856          3856          3856
+ 7156   ➡   + 7156   ➡   + 7156
------        ------        ------
   112           112           112
    ↓          109 ────────→ 10900
                              -----
                              11012
```

將後面2位數相加　　將前面2位數相加

像3856＋7156這種4位數的加法，可以如上面的範例般，將前後2位數分別計算，就可以快速得到答案。

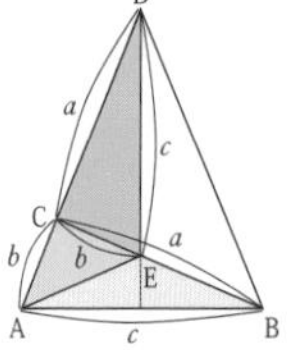

獨立試驗的定理

阿進想：「A大學的合格率是$\frac{2}{3}$，所以不合格率是$\frac{1}{3}$。以報考A、B、C、D、E這5間大學來說，如果只有1間會合格就太冒險了，還是來算一下2間大學會合格的機率吧」，於是他進行了如下的計算：

① 計算A校、B校共2校合格，其他學校不合格的機率

A合格的機率為 $\frac{2}{3}$
B合格的機率為 $\frac{2}{3}$
兩校都合格的機率就是 $\left(\frac{2}{3}\right)^2$

② 計算C、D、E共3校不合格的機率

C不合格的機率為 $\frac{1}{3}$
D不合格的機率為 $\frac{1}{3}$
E不合格的機率為 $\frac{1}{3}$
3間學校都不合格的機率就是 $\left(\frac{1}{3}\right)^3$

③ $\left(\frac{2}{3}\right)^2 \times \left(\frac{1}{3}\right)^3$

（2校合格、3校不合格的機率）

④ 5間學校中，只要有任意2間合格即可，所以將選擇的範圍定在C^5_2。使用機率定理中的獨立試驗定理，算出機率為$\frac{40}{243}$

$$C^5_2\left(\frac{2}{3}\right)^2 \cdot \left(\frac{1}{3}\right)^3 = 10 \times \frac{4}{9} \times \frac{1}{27} = \frac{40}{243}$$

數學小故事6

神奇的雪赫拉莎德之數

從前從前，在某個阿拉伯國家，有一位名叫山魯亞爾的國王。

由於妻子不忠貞，國王失去了對女性的信任。不僅如此，國王內心的憎恨也愈來愈強烈，他每天都迎娶新的妻子，但到了隔天就將她殺害。因此，國民們對國王是一天比一天害怕。

雪赫拉莎德是一名大臣的女兒，她擔心國王與這個國家的未來，便自願嫁給國王，成為王妃。到了晚上，雪赫拉莎德開始向山魯亞爾國王講述一個有趣的故事。

故事說了一整夜，到隔天早晨還沒說完。國王為了繼續聽故事，便決定暫時不殺雪赫拉莎德。

隨著一天、兩天過去，不知不覺中，就過了一千零一個夜晚。國王的憎恨之心已然軟化，最終與雪赫拉莎德白頭偕老。

雪赫拉莎德所說的故事，就是大名鼎鼎的《一千零一夜》，是世界知名的故事集。

附帶一提，《一千零一夜》是譯自法語版的書名，而英譯版較為人所知的書名則是《阿拉伯之夜（Arabian Nights）》。

那麼，關於這個故事，還有一個有趣的數學現象。首先，請朋友在3位數的數字中，隨便選一個他喜歡的數字。

將這個數字重複一次，變成一個6位數數字，接著再除以1001，看看會得到什麼？太奇妙了，答案居然也是朋友喜歡的那個數字！

因為是除以1001，這種形式的6位數字也被稱為「雪赫拉莎德之數」。數字是不是真的有很多神奇的特性呢？

雪赫拉莎德之數

假設朋友說他喜歡的數字是583。
重複一次，變成583583的6位數字。
接著再除以1001。

```
          583
     ________
1001 )583583
      5005
      ________
       8308
       8008
      ________
        3003
        3003
      ________
           0
```

答案　583

答案和一開始的數字相同

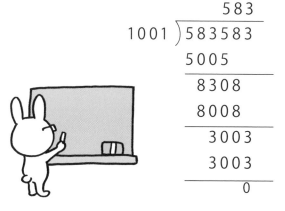

阿基米德

（約公元前287年～公元前212年）

古希臘的數學家、物理學家與工學家。阿基米德從小就接受天文學家的父親教育，直到青年時代。

某天國王向阿基米德問道，「有沒有辦法在不破壞這個王冠的前提下，確認王冠是純金製的？」阿基米德當下答不出來，便把這個問題放在心上。

無論是走路時、用餐時或泡澡時，他都在思考這個問題。當看到自己的身體在浴缸中浮起來時，阿基米德終於靈光一閃。

他大喊「Eureka ！ Eureka ！（我找到了！）」並光著身子衝出去的故事，應該不少人都聽過。

阿基米德原理的浮力，就是這樣發現的。

圓的面積、體積和球的表面積等定理，也是阿基米德的發現。公元前212年，阿基米德在羅馬軍隊入侵時，遭羅馬士兵殺害。相傳當時他正在地上畫圖研究問題，士兵踩壞了圖形被他責罵，便憤而殺了阿基米德。

另外，槓桿原理也是他發現的，還留下了一句名言：「給我一個支點，我就能舉起地球」。

第6章

日常生活與數學

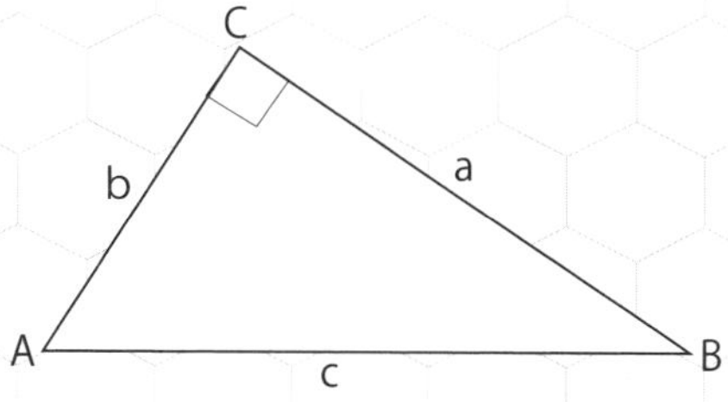

$a^2+b^2=c^2$

被偷走的鳥兒有幾隻？

美加是個很喜歡鳥的女孩，經常到山裡賞鳥，不過她最大的樂趣，還是照顧自己飼養的３００隻鳥。

某天，專偷鳥的小偷闖了進來，偷走好幾隻特別昂貴的鳥。美加慌忙地向警局報案。

「我的寶貝鳥兒被偷了！」

「請填寫這個受理案件登記表。」

「被偷走的應該有將近２００隻。」

「麻煩詳細說明，是哪一種鳥被偷走幾隻？」

「被偷走的鳥中，$\frac{1}{3}$來自非洲、$\frac{1}{4}$來自南美、$\frac{1}{5}$來自澳洲、$\frac{1}{7}$來自東南亞，還有$\frac{1}{9}$來自中國。」

由於美加太緊張了，不小心弄錯了其中一項的數字。

被偷走的鳥兒，共有幾隻呢？

數學豆知識

牛頓在數學領域留下了偉大的建樹，但他其實也是一個非常奇妙的人。據說在他擔任造幣局局長的期間，只有笑過2次而已。

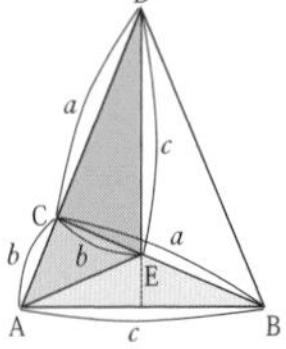

①4、5、7、9的公倍數
4×5×7×9＝1260
②3、4、5、7的公倍數
3×4×5×7＝420
③3、4、5、9的公倍數
4×5×9＝180
④3、4、7、9的公倍數
4×7×9＝252
⑤3、5、7、9的公倍數
5×7×9＝315

整理美加提出的證言

- 被偷走的鳥的數量剛好可以分為 $\frac{1}{3}$→總數為3的倍數
- 同理，總數也必須是4的倍數和5的倍數
- 也必須是7的倍數和9的倍數。如果取以上數字的公倍數的話

會超過200隻

- 因此，就把3、4、5、7、9從算式中輪流刪去一個，看看哪一種狀況的公倍數小於200即可
  計算過程如上，可知只有③的數字比200小，故答案是180隻。

被偷走的鳥兒共有180隻

什麼是卡瓦列里原理？

微積分中的微分，是藉由細分來觀察函數值變化的方法；相對地，積分則是透過堆疊累積來求出總和的方式。

使用積分，就可以知道物品的面積或體積。其中一位對積分學的學說與發展有長足貢獻的，是17世紀的義大利數學家卡瓦列里。

卡瓦列里認為，所謂的面，就是由無限多條的平行線緊密排列形成，而所謂的立體，就是由無限多的平面堆疊而成。

他由此發現，如果有兩個相同高度的立體，其平行於底邊的橫截面的比若為定值，則兩者的體積比也會等於橫截面的比。

也就是說，假設有兩個等高的立體，在平行於底邊的同樣位置取橫截面，則兩個橫截面的面積比，就是兩個立體的體積比。這就是「卡瓦列里原理」。簡單來說，就是有兩疊張數相同的撲克牌，其中一疊擺得整整齊齊，另一疊則故意疊得歪歪斜斜，兩者的體積還是一樣的。

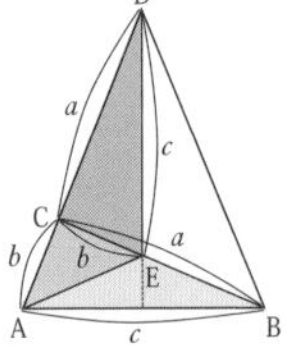

「0（zero）」這個數字，大約1500年前在印度被發現，到了中世紀才流傳到歐洲。「0」的發現導出了10進位制，自然科學也因此獲得快速的進步。

卡瓦列里原理

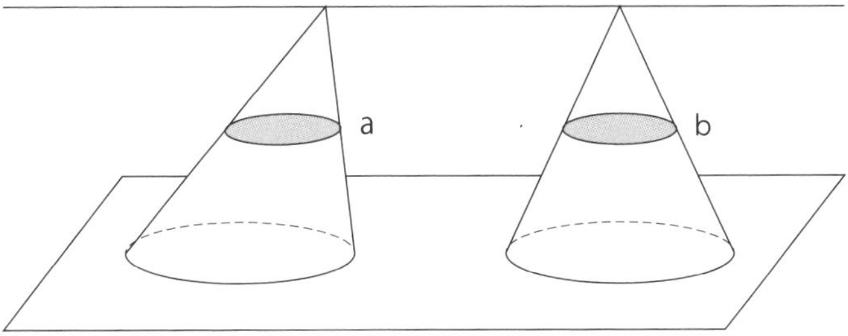
a
b

相同高度的兩個立體，其平行等高處之橫截面的面積 a、b的比若為定值，
則兩個立體的體積比等於a、b的比

A
A
A
A

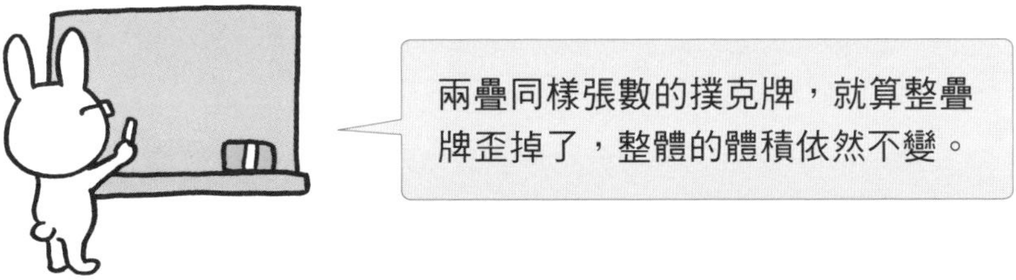
兩疊同樣張數的撲克牌，就算整疊牌歪掉了，整體的體積依然不變。

卡瓦列里 為了成為聖職人員，卡瓦列里（Cavalieri）自幼就遊走義大利各城市，修習宗教學。1616年，他在比薩與伽利略的弟子相識後，便立志走上數學家之路。在米蘭和帕馬的修道院任職的同時，他也一邊持續數學研究，1629年成為波隆那大學的數學教授，並透過證明卡瓦列里原理，在歷史留名。

來挑戰很容易算錯的平均時速吧

來動動腦吧！

A要前往距離12km遠的朋友家，他的去程步行時速是6km，回程步行時速是4km。

A的平均時速是多少呢？

你可能會立刻說「這還不簡單」，不過真的是這樣嗎？

請多想幾秒再回答。

「去程的步行時速是6km，回程4km，那麼兩個取平均值就好了，是時速5km對吧？」如果這是你的答案，那你可就完全掉進「陷阱」裡囉！

事情沒有那麼簡單。請仔細想想，這邊要回答的不是平均值，而是平均時速才對。

將去程與回程的總距離，除以花費的總時間，得到的才會是平均時速。

碰到這類問題時，切記不可單純把時間相加除以2就了事喔。

「當球內接於一圓柱體時，球與圓柱體的體積和表面積的比，都是2：3。」據說阿基米德對這個奇妙的特性著迷不已。

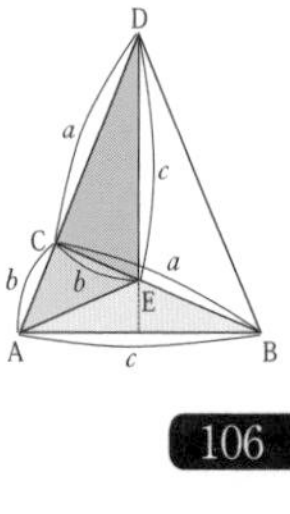

平均時速的思考方向

A
朋友的家

A的家→朋友的家　12km
步行距離去回共
12×2＝24km
花費時間
去　12÷6＝2小時
回　12÷4＝3小時
2＋3＝5小時
24km的路程走了5個小時，故
24÷5＝4.8

如果聽到是求平均值，就用（6＋4）÷2＝5來解題的話，就錯了。

重點在這裡

要求的不是平均數字，而是平均時速

4.8km為正解

研究代數的丟番圖

古希臘數學以「幾何學」最具代表性，不過當時還有位獨樹一格的人物，就是研究「代數」的丟番圖（Diophantus）。

他的著作《算術》就是以代數學為主題。各位知道嗎，關於這本《算術》，其實還跟一個知名的故事有關。

那個多年來糾纏著許多數學家的費馬最後定理，當年費馬曾在某本書的頁緣寫下「我已發現了一個美妙的證明，但這空白處太窄了寫不下」，而這本書正是《算術》。

另外，比丟番圖在代數學立下的功績更為人所知的，或許是刻在他墓碑上的「謎題」。他的墓碑上刻著以下文字：

「此人丟番圖，其一生中有$\frac{1}{6}$歲月為少年，$\frac{1}{12}$為青年，隨後又獨身度過$\frac{1}{7}$時光。婚後5年誕下子嗣，然而其子卻比父親早4年離世，壽命僅得父親之$\frac{1}{2}$。」

那麼，丟番圖究竟活到幾歲呢？試著解題看看吧。

雖然數學之路不存在捷徑，在碰到數學問題時，仔細思考「為什麼會這樣？這裡為什麼用這個公式？」直到自己充分理解為止，是很重要的。

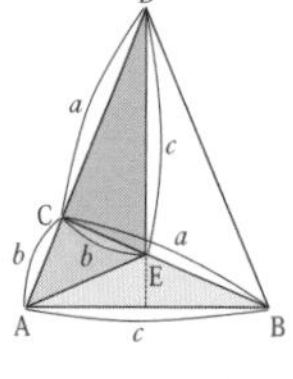

丟番圖活到幾歲呢？

設一生的壽命為1，以表格呈現如下

少年時代	青年時代	獨身時代	結婚後	丟番圖之子存活期間	
$\frac{1}{6}$	$\frac{1}{12}$	$\frac{1}{7}$	5年	$\frac{1}{2}$	4年

（結婚後至最後合計）$\frac{17}{28}$

少年時代 $\frac{1}{6}$

青年時代 $\frac{1}{12}$

獨身時代 $\frac{1}{7}$

$$\frac{1}{6}+\frac{1}{12}+\frac{1}{7}=\frac{2}{12}+\frac{1}{12}+\frac{1}{7}=\frac{3}{12}+\frac{1}{7}$$

$$=\frac{1}{4}+\frac{1}{7}=\frac{7}{28}+\frac{4}{28}=\frac{11}{28}$$ （至結婚為止）

結婚後的人生 $\left(\frac{28}{28}-\frac{11}{28}=\frac{17}{28}\right)$

與表格對照，可知$\frac{17}{28}$等於

$\frac{1}{2}+(5+4)$，即$\frac{1}{2}+9$。

$\frac{17}{28}-\frac{1}{2}=\frac{3}{28}$　由表格可知，$\frac{3}{28}$對一生的壽命1來說

就等同於9年的時間。

$\frac{1}{28}$等同於3年，故$3\div\frac{1}{28}=84$　答案是84歲

丟番圖 關於丟番圖，後世只知道他住在埃及的亞歷山大港，其餘所知甚少。丟番圖著有知名的數學書籍《算術（Arithmetica）》，前後共13卷。這套書經過翻譯流傳，對16世紀以降的歐洲代數學發展有深遠的影響。如今僅存6卷阿拉伯語的版本。此外，他也著有多邊形數的相關作品。

簡單來說，究竟什麼是微積分？

微積分往往給人艱澀的印象，人人避之唯恐不及。最初的微積分，是在人們對星象觀察的過程中誕生。天體觀測是當時最尖端的學問，其中需要的計算，不是一般工作可以想像的複雜。17世紀後半葉，克卜勒發現行星運行的軌道是橢圓形，伽利略注意到物體墜落時的拋物線，這兩個劃時代的事件，使「曲線」從此進入人們的視野。

隨後，牛頓和萊布尼茲創設的微積分學，進一步促進自然科學領域的發展，數學也成為自然科學的地基。不過，這個時期的數學研究，完全不是以實際應用為目標，單純只是數學家被數學項目的趣味性所吸引，勤奮地投身其中罷了。時至今日，微積分已然深入日常生活的每個角落。數學從只為了數學本身的研究，擴大到包含理科在內，甚至延伸到經濟等各種範疇的應用。從數學史的角度來看，這樣的推展幅度也是十分驚人的。要說是微積分使文明得以發達，也並不為過。

數學豆知識

1週之所以有7天，據說是因為《舊約聖經》裡說，神用了7天創造天地。7被視為神聖的數字，這也是為什麼會有Lucky 7是幸運數字的說法。

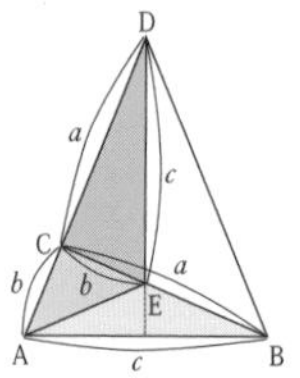

牛頓、萊布尼茲

他們所創設的微積分相當艱澀，一般人難以理解。

拉格朗日、歐拉

之後微積分的研究持續進化，最終成為今日的模樣。

從星象觀測中誕生微積分

天體運行數據的計算是一大工程

微積分學創設後
始能計算天體的運行動向

微積分被應用在哪些地方呢？

物理學、化學和生物學自然不必多說，微積分也被廣泛應用在經濟學等各式各樣的領域中。

經濟學……金融交易和統計資料分析。
高速公路、新幹線等線路與道路，
或軌道曲線（克羅梭曲線）的計算
也會用到微積分。

微分……將目標細分
積分……將目標求和

稍微進階的數學問題

喬治有一座養羊的牧場。

如果有27隻羊，6週後會把牧場的草吃光。如果有23隻羊，則要9週後才會把草吃光。那麼，如果有21隻羊，需要幾週才會把牧草吃光呢？

不過需要注意的是，草本身也有一定的生長速度。牧草並不是被吃掉後就不會再長，這正是這個問題的難點所在。

解決這個問題的第一步，是將各個條件整理出來，化為方程式。

提示是，假設1隻羊為1，整個牧場的草量為x，1週會長出來的草量為y，21隻羊把全部牧草吃光的週數為z。

接著便根據已知條件，寫成左頁的方程式即可。

室町時代（約為14～16世紀），佛教「七難即滅，七福即生」的教誨，催生了日本的七福神信仰。「七福神」這個名詞為7帶來吉祥的意味，七福神也成為一種祝福的形式。

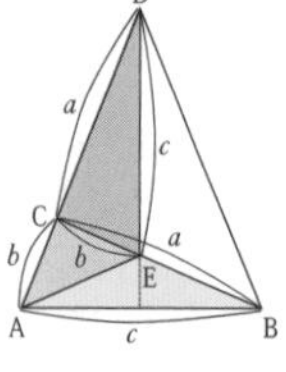

試著挑戰進階問題

重點

1隻羊1週可以吃的牧草量 ……… 設為1
整個牧場的草量…………………… 設為x
1週長出的牧草量 ………………… 設為y
21隻羊把牧草吃光的週數 ……… 設為z

將上述條件化為下列方程式

$x+6y=27\times6$ —— ①
$x+9y=23\times9$ —— ②
$x+zy=21z$ —— ③
②−① $3y=45$
$y=15$
代入①
$x+90=162$
$x=72$
將 $x=72$、$y=15$ 代入③
$72+15z=21z$
$z=12$

混雜了各種條件的題目，乍看之下雖然很複雜，只要將條件逐一整理出來，答案就會慢慢露出曙光。在日常生活中面對難題時，不也是相同道理嗎？

將17隻驢子依父親遺言分給3個人

一家之父不幸逝世後，留下3個孩子。父親對3個孩子交代了如下遺言：

「我的遺產有17隻驢子，就分給3個人吧。長男可以分得2分之1，長女分得3分之1，次男分得9分之1。」

3人無法順利依照父親的遺言分配驢子，感到很傷腦筋。

這時，有位牧師牽著1隻驢子經過，聽到了孩子們的煩惱。

牧師告訴他們，17隻驢子加上他自己牽的共18隻，以此計算後長男可以分得9隻，長女分得6隻，次男分得2隻，剩下的1隻由牧師牽回去。

3人非常驚訝，不愧是牧師，果然很聰明。此後3人同心協力，悉心照顧各自的驢子，度過平靜的每一天（詳細解説請見左頁）。

數學豆知識

在23人以上的人群中，有超過50%的機率會出現同一天生日的人。這就是生日問題（birthday paradox），是機率論裡很有名的問題之一。

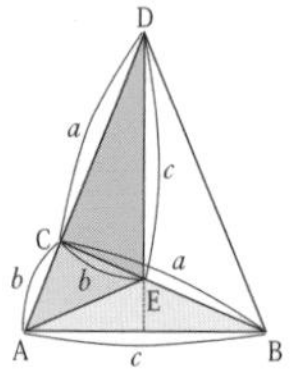

依父親的遺言分配驢子

父親的遺言

長男 $\frac{1}{2}$、長女 $\frac{1}{3}$、次男 $\frac{1}{9}$

路過的牧師把自己的驢子算進去

17＋1＝18

（長男分得9隻、長女6隻、次男2隻）

如遺言所交代

牧師則帶回自己的1隻驢子

長男9隻、長女6隻、次男2隻，
1隻由牧師帶回。

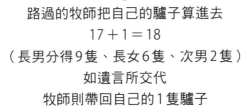

「莫比烏斯環」究竟是什麼環？

一張紙可以分為正反兩面，世上不存在只有正面或反面的紙。即便將紙捲起來，依然有正反之分。

不過，「莫比烏斯環（Möbiusband）」卻是一種只有正面、沒有反面的紙。或者也可以說是只有反面、沒有正面，總之就是一種只有單面的紙。

這種在19世紀由德國數學家莫比烏斯（Möbius）構想出來、只有正（反）面的紙環，就是「莫比烏斯環」。

將一張長條形（像膠帶般細長狀）的紙扭轉半圈，再把紙條兩端連接黏合。這個半圈的扭轉結構，會讓紙條的正反面消失，每一面看起來都是連續的正面。將紙條上色就會更清楚。先在表面塗上顏色，一路塗下去，就會發現顏色跑到了反面，接著又跑回正面，分不出正反面了。

19世紀以降，數學涵蓋的範疇大大地擴展開來，除了數字的計算之外，也有很多像這樣的新發現。莫比烏斯環的原理被應用在現在已經很少見的錄影帶上，讓錄影帶可以錄下兩倍時間的內容。

圓周率的歷史十分悠久，4000年前在埃及就留下3.16的紀錄，2000年前的希臘是$3\frac{1}{7}$、1500年前的印度是3.1316、1000年前的中國則是$\frac{22}{7}$和$\frac{355}{113}$。

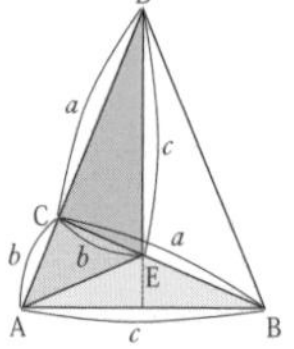

莫比烏斯環

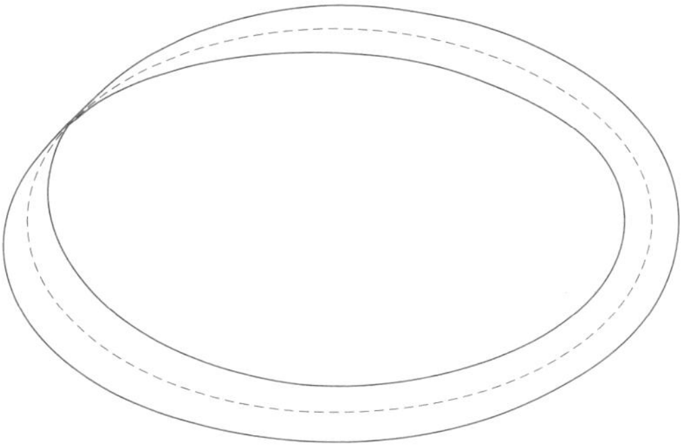

沒有正反之分，形成1條連續的線。
可以在同樣的長度下利用到正反兩面，也就是2倍的內容（如錄影帶等）。

莫比烏斯環等現象的發現
促進了拓撲學的發展

拓撲學被稱為「質的幾何學」，
是一種研究空間連續性質的幾何學。

莫比烏斯環的發現 莫比烏斯環的命名，來自1790年出生的德國數學家奧古斯特・費迪南德・莫比烏斯。當時他正致力於一個由巴黎的學院提出、關於多面體幾何學的懸賞問題，在研究過程中發現了莫比烏斯環，並發表於1865年的論文《論多面體的體積決定》中。實際上，他是在1858年發現莫比烏斯環的，在一份未發表的筆記中，可以看到相關記述。

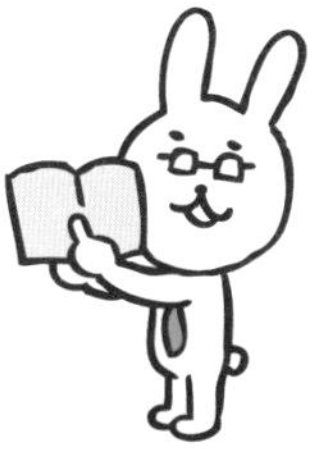

在限制的條件下找出偽幣

眼前有8枚金幣，其中只有1枚是偽造的。偽幣的外觀與其他7枚相同，最大的差別是重量稍微輕了一些。那麼就來試試看，能不能只用天平找出偽幣吧！不過還有一個條件：天平只能使用2次而已。

把金幣對半分成各4枚的方式，由於天平只能使用2次，因此並不管用。

將8枚金幣依照3枚、3枚、2枚分為3組，似乎是比較好的做法。這是提示。

解決這個問題的關鍵，在於秤重的結果是什麼，再依不同狀況來判斷。只要明白秤重結果所代表的意義，就可以知道接下來該怎麼做。

能用理論性方式思考的人，就很擅長這類問題。

各位讀者也請腦力激盪一下，看到答案後，一定會恍然大悟喔。

數學豆知識

在許多賣場會出現的抽籤活動，以機率論而言，先抽和後抽的中獎機率是一樣的，這就是「抽籤的公平性」。

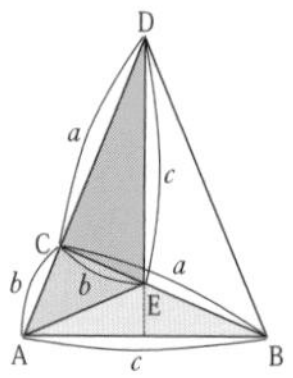

只用天平秤兩次就找出偽幣

①將8枚金幣依照3枚、3枚、2枚的方式，分為3組

②將各有3枚金幣的A、B組放在天平兩端秤重……第1次

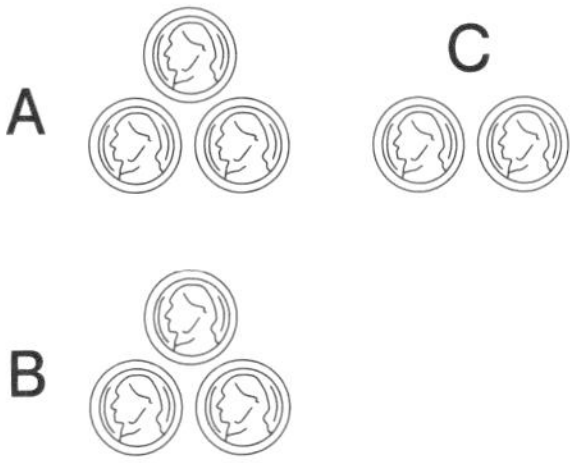

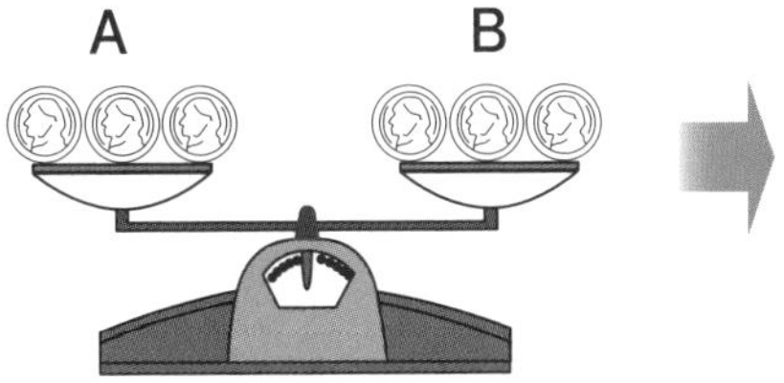

若兩邊等重，
就調查C組。

③把結果分成兩種狀況：A和B等重、A和B不等重

- 若A和B等重，就將C組的各1枚金幣放在天平兩端秤重……第2次
  比較輕的就是偽幣

AB不等重

若B比較輕，就從B組的3枚金幣中任選2枚，放在天平兩端秤重……第2次

AB等重

（C組中）剩下的1枚就是偽幣

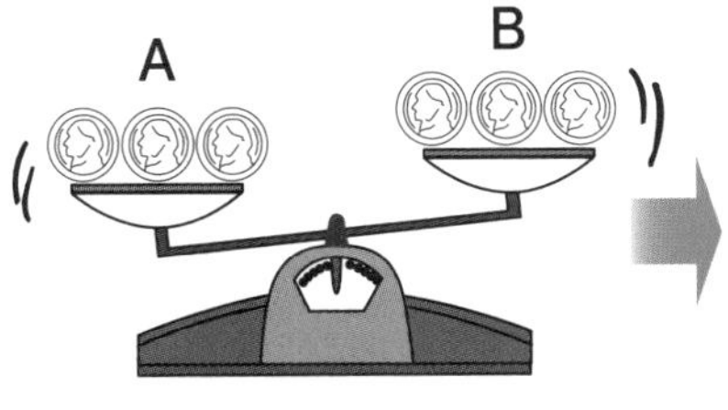

從B的3枚金幣中，
挑出2枚調查。

你能看穿這個陷阱嗎？

A子、B子和C君，三人前往五金百貨購買美勞課需要的材料。木板和布料合計3000元，於是1人各拿出1000元交給店員。

店員將木板和布料帶到櫃台後方打包，此時老闆走過來對他說「這應該是學校要用的教材吧，幫他們折價500元好了」，並交給店員500元。

店員一拿到500元，立刻將其中200元塞進口袋，剩下的300元再以「幫你們打折300元」為由，分別退還每個人100元。

A子、B子和C君每個人的花費變成900元，三人相視而笑，覺得自己賺到了。

那麼問題來了，現在3人總共花費2700元，店員私吞了200元，合計只有2900元。還有100元去了哪裡呢？

請各位好好思考吧。

我們會在電視上看到選舉結果快報，這就是活用統計學的例子。只要蒐集到整體5%的資訊量，就能以相當高的精準度預測選舉結果，這在理論上已獲得證明。（註：此為日本的狀況）

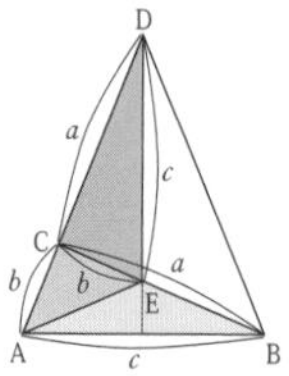

看穿陷阱!!

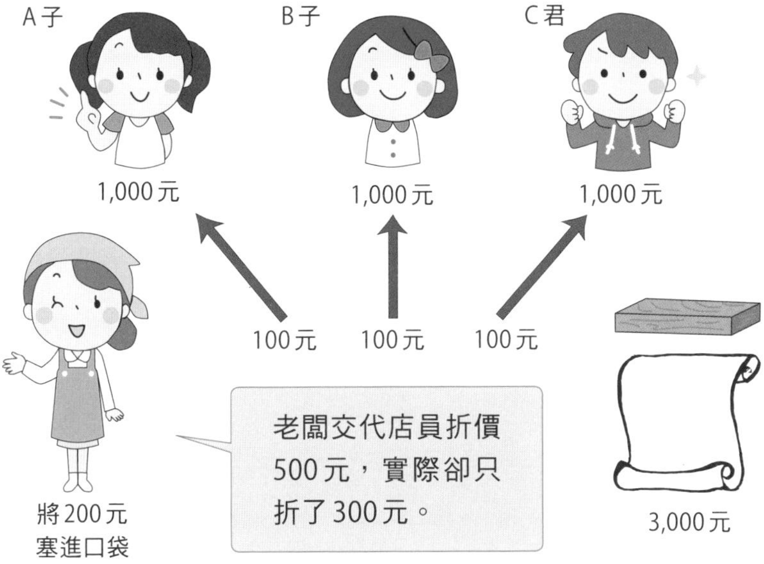

原價3,000元，折價500元（由老闆給予），
這500元中的300元還給三人，
剩下的200元被店員私吞
以算式表現就是 (3000-500)+300+200=3,000

3人每人出900元

$900 \times 3 = 2{,}700$

店員口袋裡有200

＋只有2,900元

詭計在這裡

3人付的2,700元和店員的200元，彼此之間並沒有關聯，必須看清這一點才行。

數學小故事7

定義與命題有什麼意義？

開始研究數學時，必須先明確定下概念的意義和過程。因為具備普遍性，就是數學要求的目標之一。

在某地被證明的定理，到地球的另一端自不用說，即使到了其他星球，也必須成立才行。

因此，就必須正確決定前提這個對象。而用來決定概念的就是「定義」。

「命題」是一種可定為正確或不正確的文字敘述或表達式。藉由公理或定義被證明的命題，稱為定理。特別重要的定理，還會被賦予〇〇定理之名（如畢達哥拉斯定理）。

本書從各種角度解說了「數學定理」，不過即使是不太重要的東西，有時也會被稱為定理。

「定理」是以「公理」或「定義」為基礎來進行說明或證明，因此也可說是以理論性角度思考數學的起點吧！

數學

定義是起點

（指決定某概念的內容、意義）

第一個給出數學定義的人，是歐幾里得。
《幾何原本》最開頭即揭示了23項定義

命題

指數學上的陳述或語句

①2＜5

②5＜2

③P＋3為質數的質數P存在無限多個

①是真的命題

②是假的命題

③是真假不明的命題

公理

歐幾里得的《幾何原本》中

↓

作為起點且理所當然的事實，稱為公理、公設。

↓

根據非歐幾里得幾何的發現，公理從原本「不證自明的真理」，轉而被視為數學理論的基本前提。

↓

在現代數學中，將演繹各種定理的起點，稱為公理。

數學小故事 8

數學家巔峰的稱號「菲爾茲獎」

諾貝爾獎並未設立數學獎。取而代之的，是被譽為數學界諾貝爾獎的菲爾茲獎（Fields Medal）。

１９２４年，在加拿大多倫多召開的國際數學家大會上，決議「在每４年召開大會時，對於在數學價值上有貢獻的兩位研究者授予金牌」。

菲爾茲獎的命名由來，是時任多倫多大會主席的菲爾茲（John Charles Fields），他捐助了一筆基金用來創設獎項。得獎者在得獎時必須未滿40歲，是獎項的限制條件。加上菲爾茲獎４年才頒發一次，獲獎機率可能比諾貝爾獎還要低。至今的得獎者中有三位是日本人，不過以主辦單位發表的名單來看，日本人只有一位。因為主辦單位依據的並非得獎者國籍，而是得獎時的所屬機構。

菲爾茲獎

什麼是菲爾茲獎

每4年頒發一次的獎項

得獎時未滿40歲

授予滿足此條件，且在數學上擁有傑出貢獻的數學家。

日本人獲獎者

1954年　小平邦彥（1915年～1997年）前東京大學教授
1970年　廣中平祐（1931年～）前京都大學教授
1990年　森　重文（1951年～）前京都大學數理解析研究所所長

在數學相關獎項中，擁有最高的權威。其目的是表揚年輕數學家的優良貢獻，並鼓勵未來繼續研究。獎項設有「4年頒發一次」「40歲以下」和「2名以上4名以下」的限制。例外是成功證明「費馬最後定理」的安德魯·懷爾斯，當時他已經42歲，然而有鑑於其貢獻之重大，仍在1998年以45歲的年齡獲頒「特別獎」。

比較項目	諾貝爾獎	菲爾茲獎
第1屆	1901年	1936年
頻率	每年	4年1次
年齡限制	無	40歲以下
獎金	約1億日圓	約200萬日圓

艾薩克·牛頓

（1642年～1727年）

牛頓生來就不幸是個體弱多病的孩子，甚至有紀錄提到，他能順利長大簡直是奇蹟。小時候的牛頓不僅不在乎算數，在讀書寫字上也意興闌珊，可謂是完全無心向學。

18歲後，牛頓才對幾何學產生興趣，到了22歲，就已經在研究尖端科學了。對數學開竅後，他開始充分發揮腦力，在很短的時間內便接觸到微積分和重力概念。

終於，他歸納出「萬有引力法則」這個革命性的貢獻。

成就了歷史偉業的天才牛頓，據說他成年後，除了研究數學和物理的時間之外，經常會出神發呆，也常有不同於一般人的怪異行徑。

例如應該要煮蛋卻把時鐘丟下鍋、沒穿外褲就出門走動、忘記吃飯等，在他身上都不是什麼罕見的事。

大學時期，由於倫敦爆發瘟疫大流行，牛頓只能休學回到家鄉。據說他就是某天在老家悠閒地望著蘋果樹時，發現了引力的法則。

發現了「萬有引力法則」和「運動定律」的牛頓，後來一直活到84歲才與世長辭。人的壽命長短真是莫可預測啊。

參考文獻

数学100の定理（数学セミナー編集部 編／日本評論社）

異説数学者列伝（森　毅 著／蒼樹書房）

思わず教えたくなる数学66の神秘（仲田紀夫 著／黎明書房）

数学公式のはなし（大村　平 著／日科技連）

数学のしくみ（川久保勝夫 著／日本実業出版社）

数学通になる本（中尊寺薫 著／オーエス出版社）

数の事典（D.ウェルズ 著・芦ヶ原伸之・滝沢　清 訳／東京図書）

数学の天才列伝（竹内　均 著／ニュートンプレス）

数学のパズル・パンドラの箱（ブライマン・ボルト 著・木村良夫 訳／講談社）

数学がわかる（朝日新聞社）

算数・数学まるごと入門（河田直樹 著／聖文新社）

算数・数学の超キホン!（畑中敦子／東京リーガルマインド 編・著）

算数・数学なぜなぜ事典（銀林　浩・数学教育協議会 編／日本評論社）

算数・数学なっとく事典（銀林　浩・数学教育協議会 編／日本評論社）

数学の小事典（片山孝次・大槻　真・神長幾子 著／岩波ジュニア新書）

今さらこんなこと他人には聞けない数学（日本の常識研究会 編／k.kベストセラーズ）

頭がよくなる数学パズル（逢沢　明／PHP文庫）

正多面体を解く（一松　信 著／東海大学出版会）

知性の織りなす数学美（秋山　仁 著／中公新書）

マンガ・数学小事典（岡部恒治 著／講談社）

岩波数学入門辞典（岩波書店）

●與WEB相關　各項目相關網站

國家圖書館出版品預行編目（CIP）資料

數學實用定理：擺脫死背解題！養成數學的思考方式，日常生活中受用無窮的實用定理！／小宮山博仁著；黃姿瑋譯.
-- 初版. -- 臺中市：晨星, 2021.05
面； 公分. --（知的！；179）

譯自：眠れなくなるほど面白い 図解 数学の定理

ISBN 978-986-5582-49-4（平裝）

1. 數學

310　　110004945

知的！179

數學實用定理：

擺脫死背解題！養成數學的思考方式，日常生活中受用無窮的實用定理！

眠れなくなるほど面白い 図解 数学の定理

填回函，送Ecoupon

作者 小宮山博仁
內文插圖 長野 亨
內文設計 松下隆治
譯者 黃姿瑋
編輯 吳雨書
校對 吳雨書、柯政舟
封面設計 陳語萱
美術設計 黃偵瑜

創辦人 陳銘民
發行所 晨星出版有限公司
407台中市西屯區工業30路1號1樓
TEL：04-23595820　FAX：04-23550581
行政院新聞局局版台業字第2500號
法律顧問 陳思成律師
初版 西元2021年5月15日　初版1刷

總經銷 知己圖書股份有限公司
106台北市大安區辛亥路一段30號9樓
TEL：02-23672044 / 23672047　FAX：02-23635741
407台中市西屯區工業30路1號1樓
TEL：04-23595819　FAX：04-23595493
E-mail：service@morningstar.com.tw
晨星網路書店 http://www.morningstar.com.tw
讀者專線 02-23672044
郵政劃撥 15060393（知己圖書股份有限公司）
印刷 上好印刷股份有限公司

定價350元
（缺頁或破損的書，請寄回更換）

ISBN 978-986-5582-49-4
"NEMURENAKUNARUHODO OMOSHIROI ZUKAI SUGAKU NO TEIRI"
supervised by Hirohito Komiyama

First published in Japan by NIHONBUNGEISHA Co., Ltd., Tokyo

This Traditional Chinese edition is published by arrangement with NIHONBUNGEISHA Co., Ltd., Tokyo in care of Tuttle-Mori Agency, Inc., Tokyo through Future View Technology Ltd., Taipei.